智能机器人应用技术

主　编　梁法辉　刘英明　刘治满
副主编　姜　旭　孙　畅　刘旭东
主　审　颜丹丹

北京理工大学出版社
BEIJING INSTITUTE OF TECHNOLOGY PRESS

内 容 简 介

本书从基础和实用出发，以智能机器人技术相关的 Yanshee 服务型机器人为核心，通过典型工作任务分析、提炼，结合实践应用，模块化编写书中内容，以项目为引领帮助读者掌握相关知识和技能。书中内容涵盖了智能机器人技术、控制机器人运动、控制机器人感知世界、控制机器人语音交流、控制机器人识别事物等方面的内容。

本书遵循学习规律，由浅入深，循序渐进，便于学习掌握，从而应用于工程实践。本书可作为高等职业教育院校、应用型本科院校自动化类机器人相关专业的课程教材，也可作为社会培训及工程技术人员的参考用书。本书内容系统全面、重点突出、注重实用性，为方便学习使用，本书配有电子课件、教案等教学资源。

图书在版编目（CIP）数据

智能机器人应用技术 / 梁法辉，刘英明，刘治满主编. -- 北京 ：北京理工大学出版社，2023.12

ISBN 978-7-5763-3295-7

Ⅰ. ①智… Ⅱ. ①梁… ②刘… ③刘… Ⅲ. ①智能机器人-高等学校-教材 Ⅳ. ①TP242.6

中国国家版本馆 CIP 数据核字（2023）第 256281 号

责任编辑：张鑫星　　　**文案编辑：**张鑫星
责任校对：周瑞红　　　**责任印制：**李志强

出版发行 / 北京理工大学出版社有限责任公司

社　　址 / 北京市丰台区四合庄路 6 号

邮　　编 / 100070

电　　话 / （010）68914026（教材售后服务热线）
　　　　　　（010）68944437（课件资源服务热线）

网　　址 / http://www.bitpress.com.cn

版 印 次 / 2023 年 12 月第 1 版第 1 次印刷

印　　刷 / 涿州市新华印刷有限公司

开　　本 / 787 mm×1092 mm　1/16

印　　张 / 13.25

字　　数 / 300 千字

定　　价 / 76.00 元

前　言

智能机器人已经成为全世界范围内不可替代的行业，在医疗、教育、金融、物流、服务等领域得到广泛应用，为人们带来更高效、更便捷、更舒适的生活体验。在本课程中，学生通过学习服务机器人的结构、功能和使用，来获得智能机器人技术方面的基本知识、基本理论和基本技能，为后续专业课程及日后从事相关实际工作奠定必要的基础。

为贯彻落实党的二十大精神，助推中国制造高质量发展，本书按照项目化教学模式，保证必备知识理论够用为原则，以任务为导向，工作与学习结合，既能通过学习性任务系统地学习智能机器人技术的知识，又能通过实际项目过程得到综合能力的培养和训练，教材的内容和编排体现了工学结合的职业教育的特征。每个项目包括了学习目标、项目任务、知识储备、项目实施。同时，将知识点的讲授、编写程序和学生们实际操作智能机器人融为一体，强化智能机器人开发技术的专业核心能力，注重学生应用技能和职业能力的培养。

全书将知识分解为 5 个模块，分别为智能机器人技术、控制机器人运动、控制机器人感知世界、控制机器人语音交流、控制机器人识别事物。以学生为主体，以学习任务为引导，工学结合教学模式，教学做一体化，培养学生独立的学习和工作能力。

本书建议学时 56 学时，建议在实训室上课，采用 4 学时连上，学时分配如下：

内容	理论学时	实训学时	总学时
模块 1　智能机器人技术	4	4	8
模块 2　控制机器人运动	4	8	12
模块 3　控制机器人感知世界	8	8	16
模块 4　控制机器人语音交流	4	8	12
模块 5　控制机器人识别事物	4	4	8

本书由长春汽车职业技术大学梁法辉、刘英明、刘治满担任主编，姜旭、孙畅、刘旭东担任副主编。具体分工为刘英明编写模块 1、模块 2，孙畅编写模块 3，刘旭东编写模块 4，姜旭编写模块 5，梁法辉、刘治满负责各模块中的程序设计、教学资源的制作等工作，全书由刘英明统稿。由长春汽车职业技术大学电气工程学院院长颜丹丹担任主审。

在编写过程中得到许多专家帮助，包括深圳市优必选科技股份有限公司孙佰鑫、吉林海诚科技有限公司宋海龙、中国一汽研发总院刘富强，以及吉林东光奥威汽车制动系统有限公司任义，在此表示诚挚的谢意。

由于编者水平有限，书中难免存在不足之处，敬请读者批评指正、多多赐教。

编　者

目　录

模块 1　智能机器人技术

智能机器人之所以叫智能机器人，这是因为它有相当发达的"大脑"。在"大脑"中起作用的是中央处理器，这种计算机跟操作它的人有直接的联系。最主要的是，这样的计算机可以进行按目的安排的动作。正因为这样，我们才说这种机器人是真正的机器人，尽管它们的外表可能有所不同。

智能机器人作为一种包含相当多学科知识的技术，几乎是伴随着人工智能所产生的。而智能机器人在当今社会变得越来越重要，越来越多的领域和岗位都需要智能机器人参与，这使得智能机器人的研究也越来越频繁。虽然我们在生活中很少见到智能机器人的影子，但在不久的将来，随着智能机器人技术的不断发展和成熟，随着众多科研人员的不懈努力，智能机器人必将走进千家万户，更好地服务人们的生活，让人们的生活更加舒适和健康。

项目 1.1　认知智能服务机器人

近年来，人工智能产业迎来发展热潮，机器人行业又一次进入大众视野，从工业生产到生活消费场景，越来越多的机器人开始代替或辅助人类进行工作。服务机器人行业在全球范围内快速增长。

在本项目中，我们将一起探索什么是服务机器人？服务机器人有哪些应用场景？服务机器人的基本功能有哪些？

【学习目标】

知识目标

➤ 了解服务机器人的定义、分类、发展历史及典型应用场景；

➤ 掌握服务机器人硬件结构组成。

技能目标

➤ 能够对服务机器人进行正确开关机操作；

➤ 能够对服务机器人进行联网配置。

素质目标

➤ 通过了解服务机器人的发展历史，让学生了解机器人世界的秘密；

➤ 介绍我国机器人技术研发的进展，提升学生的民族自信心。

【项目任务】

本任务将基于 Yanshee 机器人，学习检查智能人形服务机器人的外观，学会正确进行开关机操作，能够配置智能人形服务机器人的网络。

【知识储备】

1.1.1 服务机器人的定义及发展

1. 服务机器人的定义

服务机器人是机器人家族中的一个年轻成员，作为为人类提供必要服务的多种高技术集成的智能化装备，不同国家对服务机器人的认识不同。国际机器人联合会经过几年的搜集整理，给了服务机器人一个初步的定义：服务机器人是一种半自主或全自主工作的机器人，它能完成有益于人类健康的服务工作，但不包括从事生产。

我国对服务机器人（Service Robot）的定义为：除工业自动化应用外，能为人类或设备完成有用任务的机器人。这里，我们把其他一些贴近人们生活的机器人也列入其中。服务机器人既可以接受人类指挥，又可以运行预先编排的程序，还可以以人工智能技术制定的原则纲领行动。服务机器人的应用范围很广，主要从事维护、修理、运输、清洗、保安、救援、监护等工作，可以分为个人/家用服务机器人及专业领域服务机器人。

2. 服务机器人的发展历史

服务机器人的发展随着人工智能技术的发展进步和市场需求的变化与时俱进，其发展历程大致可分为三个阶段。

1）实验室阶段（20 世纪 50—60 年代）

计算机、传感器和仿真等技术不断发展，美国、日本等国家相继研发出有缆遥控水下机器人（ROV）、智能机器人、仿生机器人等。

（1）1960 年，美国海军成功研制出全球第一台水下机器人 ROV——"CURV1"。

（2）1968 年，美国斯坦福研究所研制出世界上第一台智能机器人。

（3）1969 年，日本早稻田大学加藤一郎实验室研发出第一台以双脚走路的仿生机器人。

2）萌芽阶段（20 世纪 70—90 年代）

服务机器人具备初步感觉和协调能力，医用服务机器人、娱乐机器人等逐步投放市场。

（1）1990 年，TRC 公司研发的"护士助手"开始出售。

（2）1995 年，中国第一台 6 km 无缆自制水下机器人"CR-01"研制成功。

（3）1999 年，日本索尼推出第一代宠物机器人"AIBO"。

3）发展阶段（21 世纪）

计算机、物联网、人机交互、云计算等先进技术快速发展，服务机器人在家庭、教育、商业、医疗、军事等领域获得了广泛应用。

（1）2000 年，全球第一个机器人手术系统推出。

（2）我国服务机器人行业起步较晚，在 2005 年前后才开始初具规模，如今，得益于应用市场优势，发展空间巨大。

3. 服务机器人的发展现状

目前，世界上至少有 48 个国家在发展机器人，其中 25 个国家已涉足服务型机器人开发。在日本、北美和欧洲，迄今已有 7 种类型共计 40 余款服务型机器人进入实验和半商业化应用。

近年来，我国政府高度重视人工智能的技术进步与产业发展，人工智能已上升为国家战略，市场前景十分广阔。随着人工智能技术的逐渐成熟，科技、制造业等业界巨头不断深入布局服务型机器人。人工智能的快速发展为机器人带来新机遇。此外，经济稳步发展、利好政策扶持、老龄化需求同样利好服务机器人市场发展。我国服务机器人存在巨大的市场潜力和发展空间，2018 年，我国服务机器人市场规模增速高于全球服务机器人市场增速。未来，服务机器人市场需求将进一步释放，随着更多新兴应用场景的开发，市场规模将持续增长。

我国在服务机器人领域的研发与日本、美国等国家相比起步较晚。在国家 863 计划的支持下，我国在服务机器人研究和产品研发方面已开展了大量工作，并取得了一定的成绩，如哈尔滨工业大学研制的导游机器人、迎宾机器人、清扫机器人等；华南理工大学研制的机器人护理床；中国科学院自动化研究所研制的智能轮椅等。

随着国家战略的推进和产业链发展，将会有越来越多的人和组织参与到这个产业里来。随着机器人产业链的逐步完善，技术创新的突破，还有人们对机器代替人类去做重复工作、危险作业，老龄化带来的看护陪伴需求，这给服务机器人的发展带来了重大发展机遇。服务机器人在发展中同样会遇到众多挑战，包括关键技术的突破、场景交互落地、和其他智能设备的连通互动、产业链整合和协同等。

1.1.2 服务机器人的分类及结构

1. 服务机器人的分类

根据机器人的应用领域不同，国际机器人联盟（IFR）将机器人分为工业机器人和服务机器人。目前，国际上的机器人学者从应用场景出发将机器人分为两类：制造环境下的工业机器人和非制造环境下的服务与仿人形机器人。

服务机器人细分种类多样，根据不同的需求或应用场景有不同的种类，通常可分为个人/家用服务机器人和专业服务机器人，如图 1-1 所示。个人/家用服务机器人包括家政机器人、教育机器人、娱乐机器人以及养老康复机器人等，而专业服务机器人则包括物流机器人、医疗机器人、商用服务机器人、防护机器人和场地机器人等。

根据用途不同，服务机器人可分为家用、医疗和公共服务机器人，如图 1-2 所示。目前，我国服务机器人产品以家用服务机器人为主导，占据 48% 的市场份额，医疗服务机器人和公共服务机器人分别占比 28% 和 24%。

目前，国内服务机器人产业生态已具规模，机器人成为人工智能技术应用主流，服务机器人产业链如图 1-3 所示。服务机器人企业数量超 2 000 家，全球服务机器人 TOP30 榜单里中国企业占 10 家，我国服务机器人企业数量和质量领跑全球。

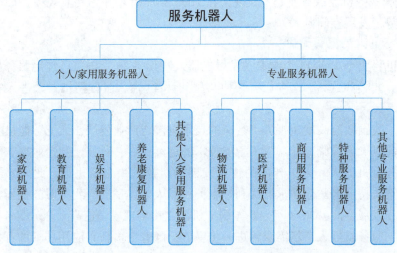

图1-1　服务机器人的分类（按不同的需求或应用场景）

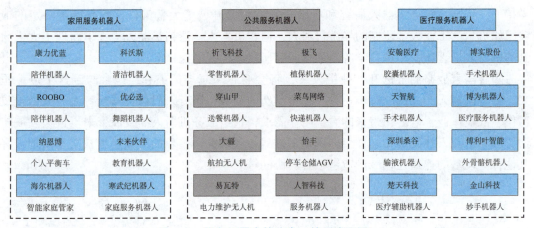

图1-2　服务机器人的分类（按用途不同）

2. 服务机器人的结构

服务机器人与工业机器人的结构有较大的差别，其本体包括可移动的机器人底盘、多自由度的关节式机械系统、按特定服务功能所需要的特殊机构。

服务机器人一般包括驱动装置（能源、动力）、减速器（将高速运动变为低速运动）、运动传动机构、关节部分机构（相当于手臂，形成空间的多自由度运动）、把持机构/末端执行器/端拾器（相当于手）、移动机构/行走机构（相当于腿脚）、变位机等周边设备（配合机器人工作的辅助装置）。

服务机器人系统通常由四大部分组成：感知系统、控制系统、决策系统和人机交互系统。感知系统犹如服务机器人的眼睛，为机器人的运动控制系统指路，使机器人到达指定地点，完成指定任务。用户通过人机交互系统传达任务给服务机器人，决策系统通过融合感知系统传送的数据信息，确定机器人所处的外部环境状态、机器人的运动状态，并做出决策。根据决策结果，由控制系统选择合适的控制策略，并输出相应的控制指令，通过执行机构来驱动机器人本体结构的运动，以实现预定的工作任务。

图 1-3　服务机器人产业链

在任务执行过程中，人机交互是必不可少的功能，它是直接面向用户的功能，一般包括 UI 界面、面部识别、语音识别、支付系统等。

图 1-4 所示为服务机器人常规环境感知和控制系统结构框图，整个系统包含：机械系统、驱动系统、控制系统、电源系统，以及依靠传感器系统传递的环境参数。

1.1.3　服务机器人的关键技术

机器人是一门多学科交叉的技术，涉及机械设计、计算机、传感器、自动控制、人机交互、仿生学等多个学科。随着社会发展的需要和机器人应用领域的扩大，人们对智能机器人的要求也越来越高。智能机器人所处的环境往往是未知的、难以预测的，在研究这类机器人的过程中，主要涉及以下关键技术。

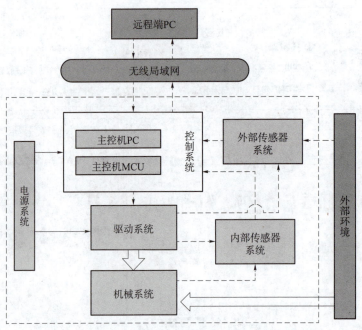

图1-4　服务机器人常规环境感知和控制系统结构框图

1. 多传感器信息融合

　　目前，在结构化的室内环境中，以机器视觉为主并借助于其他传感器的移动机器人自主环境感知、场景认知及导航技术相对成熟。而在室外实际应用中，由于环境的多样性、随机性、复杂性以及天气、光照变化的影响，环境感知的任务要复杂得多，实时性要求更高，这一直是国内外的研究热点。多传感器信息融合、环境建模等是机器人感知系统面临的技术任务。

　　基于单一传感器的环境感知方法都有其难以克服的弱点。将多种传感器的信息有机地融合起来，通过处理来自不同传感器的信息冗余、互补，就可以构成一个覆盖几乎所有空间和时间的检测系统，可以提高感知系统的能力。因此，利用机器视觉信息丰富的优势，结合由雷达传感器、超声波雷达传感器或红外线传感器等获取距离信息的能力，来实现对本车周围环境的感知成为各国学者研究的热点。

　　使用多种传感器构成环境感知系统，带来了多源信息的同步、匹配和通信等问题，需要研究解决多传感器跨模态、跨尺度信息配准和融合的方法及技术。但在实际应用中，并不是所使用的传感器及种类越多越好。针对不同环境中机器人的具体应用，需要考虑各传感器数据的有效性、计算的实时性。

　　所谓环境建模，是指根据已知的环境信息，通过提取和分析相关特征，将其转换成机器人可以理解的特征空间。构造环境模型的方法分为几何建模方法和拓扑建模方法。几何建模方法通常将移动机器人工作环境量化分解成一系列网格单元，以栅格为单位记录环境信息，通过树搜索或距离转换寻找路径；拓扑建模方法将工作空间分割成具有拓扑特征的子空间，根据彼此连通性建立拓扑网络，在网络上寻找起始点到目标点的拓扑路径，然后再转换为实际的几何路径。

　　环境模型的信息量与建模过程的复杂度是一对矛盾。例如针对城区综合环境中无人驾驶车辆的具体应用，环境模型应当能反映出车辆自动行驶所必需的信息，与一般移动机器人只需寻找行走路径不同的是，车辆行驶还必须遵守交通规则。信息量越多、模型结构越复杂，则保存数据所需的内存就越多、计算越复杂。而建模过程的复杂度必须适当，以能够及时反映出路况的变化情况，便于做出应对。

多传感器信息融合技术是近年来十分热门的研究课题，它与控制理论、信号处理、人工智能、概率和统计相结合，为机器人在各种复杂、动态、不确定和未知的环境中执行任务提供了一种技术解决途径。机器人所用的传感器有很多种，根据不同用途分为内部测量传感器和外部测量传感器两大类。内部测量传感器用来检测机器人组成部件的内部状态，包括特定位置角度传感器、任意位置角度传感器、角速度传感器、加速度传感器、倾斜角传感器、方位角传感器等。外部传感器包括：视觉（测量、认识传感器），触觉（接触、压觉、滑动觉传感器），力觉（力、力矩传感器），接近觉（接近觉、距离传感器）以及角度传感器（倾斜、方向、姿式传感器）。

多传感器信息融合就是指综合来自多个传感器的感知数据，以产生更可靠、更准确或更全面的信息。经过融合的多传感器系统能够更加完善、精确地反映检测对象的特性，消除信息的不确定性，提高信息的可靠性。融合后的多传感器信息具有以下特性：冗余性、互补性、实时性和低成本性。多传感器信息融合方法主要有贝叶斯估计、Dempster-Shafer理论、卡尔曼滤波、神经网络、小波变换等。

2. 导航与定位

在机器人系统中，自主导航是一项核心技术，是机器人研究领域的重点和难点问题。导航的基本任务有基于环境理解的全局定位，通过环境中景物的理解，识别人为路标或具体的实物，以完成对机器人的定位，为路径规划提供素材；目标识别和障碍物检测：实时对障碍物或特定目标进行检测和识别，提高控制系统的稳定性；安全保护，能对机器人工作环境中出现的障碍和移动物体做出分析并避免对机器人造成的损伤。机器人有多种导航方式，根据环境信息的完整程度、导航指示信号类型等因素的不同，可以分为基于地图的导航、基于创建地图的导航和无地图的导航3类。

根据导航采用的硬件的不同，可将导航系统分为视觉导航和非视觉传感器组合导航。视觉导航是利用摄像头进行环境探测和辨识，以获取场景中绝大部分信息。视觉导航信息处理的内容主要包括视觉信息的压缩和滤波、路面检测和障碍物检测、环境特定标志的识别、三维信息感知与处理。

非视觉传感器导航是指采用多种传感器共同工作，如探针式、电容式、电感式、力学传感器、雷达传感器、光电传感器等，用来探测环境，对机器人的位置、姿态、速度和系统内部状态等进行监控，感知机器人所处工作环境的静态和动态信息，使机器人相应的工作顺序和操作内容能自然地适应工作环境的变化，有效地获取内外部信息。在自主移动机器人导航中，无论是局部实时避障还是全局规划，都需要精确知道机器人或障碍物的当前状态及位置，以完成导航、避障及路径规划等任务，这就是机器人的定位问题。比较成熟的定位系统可分为被动式传感器系统和主动式传感器系统。

被动式传感器系统通过码盘、加速度传感器、陀螺仪、多普勒速度传感器等感知机器人自身运动状态，经过累积计算得到定位信息。主动式传感器系统通过包括超声传感器、红外传感器、激光测距仪以及视频摄像机等主动式传感器感知机器人外部环境或人为设置的路标，与系统预先设定的模型进行匹配，从而得到当前机器人与环境或路标的相对位置，获得定位信息。

3. 路径规划

路径规划技术是机器人研究领域的一个重要分支。最优路径规划就是依据某个或某些优化准则（如工作代价最小、行走路线最短、行走时间最短等），在机器人工作空间中找到一条从起始状态到目标状态、可以避开障碍物的最优路径。路径规划方法大致可以分为传统方法和智能方法两种。传统路径规划方法主要有以下几种：自由空间法、图搜索法、栅格解耦法、人工势场法。大部分机器人路径规划中的全局规划都是基于上述几种方法进行的，但这些方法在路径搜索效率及路径优化方面有待于进一步改善。人工势场法是传统方法中较成熟且高效的规划方法，它通过环境势场模型进行路径规划，但是没有考察路径是否最优。智能路径规划方法是将遗传算法、模糊逻辑以及神经网络等人工智能方法应用到路径规划中，来提高机器人路径规划的避障精度，加快规划速度，满足实际应用的需要。其中应用较多的算法主要有模糊方法、神经网络、遗传算法、Q 学习及混合算法等，这些方法在障碍物环境已知或未知情况下均已取得一定的研究成果。

定位是移动机器人要解决的三个基本问题之一。虽然 GPS 已能提供高精度的全局定位，但其应用具有一定局限性。例如在室内 GPS 信号很弱；在复杂的城区环境中常常由于 GPS 信号被遮挡、多径效应等原因造成定位精度下降、位置丢失；而在军事应用中，GPS 信号还常受到敌军的干扰等。因此，不依赖 GPS 的定位技术在机器人领域具有广阔的应用前景。

目前最常用的自主定位技术是基于惯性单元的航迹推算技术，它利用运动轨迹（惯导或里程计），对机器人的位置进行递归推算。但由于存在误差积累问题，航迹推算法只适于短时短距离运动的位姿估计，对于大范围的定位常利用传感器对环境进行观测，并与环境地图进行匹配，从而实现机器人的精确定位。可以将机器人位姿看作系统状态，运用贝叶斯滤波对机器人的位姿进行估计，最常用的方法是卡尔曼滤波定位算法、马尔可夫定位算法、蒙特卡洛定位算法等。

由于里程计和惯导系统误差具有累积性，经过一段时间必须用其他定位方法进行修正，所以不适用于远距离精确导航定位。近年来，一种在确定自身位置的同时构造环境模型的方法，常被用来解决机器人定位问题。这种称为 SLAM（Simultaneous Localization and Mapping）的方法，是移动机器人智能水平的最好体现，是否具备同步建图与定位的能力被许多人认为是机器人能否实现自主的关键前提条件。

近十年来，SLAM 发展迅速，在计算效率、一致性、可靠性提高等方面取得了令人瞩目的进展。SLAM 的理论研究及实际应用，提高了移动机器人的定位精度和地图创建能力。其中有代表性的方法有：将 SLAM 与运动物体检测和跟踪（Detection and Tracking Moving Objects，DATMO）的思想相结合，利用了二者各自的优点；用于非静态环境中构建地图的机器人对象建图方法（Robot Object Mapping Algorithm，ROMA），用局部占用栅格地图对动态物体建立模型，采用地图差分技术检测环境的动态变化；结合最近点迭代算法和粒子滤波的同时定位与地图创建方法，该方法利用 ICP 算法对相邻两次激光扫描数据进行配准，并将配准结果代替误差较大的里程计读数，以改善基于里程计的航迹推算；应用二维激光雷达实现对周围环境的建模，同时采用基于模糊似然估计的局部静态地图匹配的方法等。

4. 机器人视觉

视觉系统是自主机器人的重要组成部分，一般由摄像机、图像采集卡和计算机组成。机器人视觉系统的工作包括图像的获取、处理和分析、输出和显示，核心任务是特征提取、图像分割和图像辨识。而如何精确高效地处理视觉信息是视觉系统的关键问题。视觉信息处理逐步细化，包括视觉信息的压缩和滤波、环境和障碍物检测、特定环境标志的识别、三维信息感知与处理等。其中环境和障碍物检测是视觉信息处理中最重要、也是最困难的过程。边沿抽取是视觉信息处理中常用的一种方法。对于一般的图像边沿抽取，如采用局部数据的梯度法和二阶微分法等，对于需要在运动中处理图像的移动机器人而言，难以满足实时性的要求。为此人们提出一种基于计算智能的图像边沿抽取方法，如基于神经网络的方法、利用模糊推理规则的方法，特别是 J. C. Bezdek 教授近期全面地论述了利用模糊逻辑推理进行图像边沿抽取的意义。这种方法具体到视觉导航，就是将机器人在室外运动时所需要的道路知识，如公路白线和道路边沿信息等，集成到模糊规则库中来提高道路识别效率和鲁棒性。还有人提出将遗传算法与模糊逻辑相结合。机器人视觉是其智能化最重要的标志之一，对机器人智能及控制都具有非常重要的意义。国内外都在大力研究，并且已经有一些系统投入使用。

5. 智能控制

随着机器人技术的发展，对于无法精确解析建模的物理对象以及信息不足的病态过程，传统控制理论暴露出缺点，近年来许多学者提出了各种不同的机器人智能控制系统。机器人的智能控制方法有模糊控制、神经网络控制、智能控制技术的融合（模糊控制和变结构控制的融合；神经网络和变结构控制的融合；模糊控制和神经网络控制的融合；智能融合技术还包括基于遗传算法的模糊控制方法）等。机器人智能控制在理论和应用方面都有较大的进展。在模糊控制方面，J. J. Buckley 等人论证了模糊系统的逼近特性，E. H. Mamdan 首次将模糊理论用于一台实际机器人。模糊系统在机器人的建模、控制、对柔性臂的控制、模糊补偿控制以及移动机器人路径规划等各个领域都得到了广泛的应用。在机器人神经网络控制方面，CMCA（Cere-bella Model Controller Articulation）是应用较早的一种控制方法，其最大特点是实时性强，尤其适用于多自由度操作臂的控制。智能控制方法提高了机器人的速度及精度，但是也有其自身的局限性，例如机器人模糊控制中的规则库如果很庞大，推理过程的时间就会过长；如果规则库很简单，控制的精确性又会受到限制；无论是模糊控制还是变结构控制，抖振现象都会存在，这将给控制带来严重的影响；神经网络的隐层数量和隐层内神经元数的合理确定仍是神经网络在控制方面所遇到的问题，另外神经网络易陷于局部极小值等问题，都是智能控制设计中要解决的问题。

在地面上移动的机器人按移动方式不同，大概可以分成两类，一类是轮式或履带式机器人，另一类是行走机器人，二者各有特点。

轮式机器人稳定性高，可以较快的速度移动，无人车、外星探测器等都是典型的代表。大部分轮式或履带式机器人的运动控制可分成纵向控制和横向控制两部分，纵向控制调节移动速度；横向控制调节移动轨迹，一般采用预瞄-跟随的控制方式。对无人车来说，在高速行驶时稳定性会下降。因此，根据速度的不同需要采取不同的控制策略。在高速行驶时通过增加滤波器、状态反馈等措施来提高稳定性。

行走机器人稳定性差，移动速度慢，但可以跨越比较复杂的地形，比如台阶、山地等。与轮式机器人不同的是，行走机器人本身是一个不稳定的系统，因此运动控制首先要解决稳定性的问题，然后才能考虑使其按既定的轨迹移动的问题。目前，主流的行走机器人控制方式有两种：电机控制和液压控制，二者各有利弊。电机控制机构相对简单，但负载能力有限；液压控制可以获得较大的负载能力，但机构复杂。

利用电机和轴承模拟人的关节，从而控制机器人稳定行走，是机器人控制常用的方式。运动控制一般是将末端轨迹规划与稳定控制相结合：首先规划脚掌的轨迹，再通过机器人运动学求解各个关节电机的旋转角。理论情况下，按上述计算得到的关节角能够保证脚掌轨迹跟踪，但实际环境中存在很多扰动，需要对关节角进行反馈校正，保证稳定性。稳定控制方法很多，其中一种简单而常用的方法称为零力矩点（Zero Moment Point，ZMP）法。其特征是：通过检测实际 ZMP 的位置与期望值的偏差，闭环调整关节角，使 ZMP 始终位于稳定区域以内，从而保证机器人不会摔倒。

闭环控制要求各个关节快速响应外界的扰动，这对负载能力有限的电机来说是比较困难的。而液压系统的负载能力较强，因此具有更优秀的抗扰性能。例如 Boston Dynamics 公司研制的 Atlas 机器人，在单脚独立的情况下，被外力从侧面击打，仍然能保持不倒。这其中虽然不乏先进的控制方法，但其液压系统的负载能力无疑是成功的有力保障。

6. 人机接口技术

智能机器人的研究目标并不是完全取代人，复杂的智能机器人系统仅仅依靠计算机来控制是有一定困难的，即使可以做到，也由于缺乏对环境的适应能力而并不实用。智能机器人系统还不能完全排斥人的作用，而是需要借助人机协调来实现系统控制。因此，设计良好的人机接口就成为智能机器人研究的重点问题之一。人机接口技术是研究如何使人方便自然地与计算机交流。为了实现这一目标，除了最基本的要求机器人控制器有一个友好的、灵活方便的人机界面之外，还要求计算机能够看懂文字、听懂语言、说话表达，甚至能够进行不同语言之间的翻译，而这些功能的实现又依赖于知识表示方法的研究。因此，研究人机接口技术既有巨大的应用价值，又有基础理论意义。人机接口技术已经取得了显著成果，文字识别、语音合成与识别、图像识别与处理、机器翻译等技术已经开始实用化。另外，人机接口装置和交互技术、监控技术、远程操作技术、通信技术等也是人机接口技术的重要组成部分，其中远程操作技术是一个重要的研究方向。

1.1.4 服务机器人的典型应用场景

根据市场化程度，服务机器人需求场景可分为三类：原有需求升级、现有需求满足、未知需求探索。原有需求升级是市场已经存在的，包括早教机器人、扫地机器人等，早教机器人相比学习机增加了人机交互的内容，扫地机器人相比吸尘器增加了路径规划与自主避障算法；现有需求满足是由于机器人采购成本低于人工成本而采用服务机器人，包括智能客服、陪护机器人等；未知需求探索在现阶段的需求并不强烈，如管家机器人等。

下面介绍几个典型应用场景。

1. 终端配送机器人

终端配送机器人被广泛应用于酒店、写字楼、餐厅、医院等场所，主要用于配送用户私人物品以及物流送货等。从劳动力成本上升、服务业工资普遍上涨的现状来看，配送机器人对于发展智能化服务能够有效降低人力成本。终端配送机器人如图 1-5 所示。

2. 接待机器人

接待机器人被广泛应用于商超、酒店、写字楼、银行、政务大厅、博物馆、景点、医院、交通枢纽等场所，提供导购、导诊、讲解、指引等服务。而自然语言处理、深度学习等技术的突破，将有助于提升问答咨询准确率，接待机器人应用深度将被进一步拓展。接待机器人如图 1-6 所示。

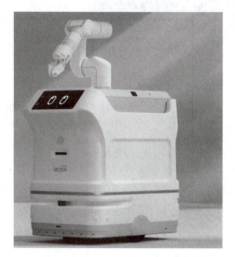

图 1-5　终端配送机器人

图 1-6　接待机器人

3. 陪伴机器人

陪伴机器人主要用于家庭服务，以儿童教育、娱乐休闲和养老陪伴为主。陪伴机器人利用智能语音技术实现语言沟通和情感交流等人机交互功能，用于小孩早教、老人陪伴等场景。陪伴机器人如图 1-7 所示。

4. 安防机器人

安防机器人将人脸识别、移动视频监控、热红外成像分析等 AI 技术与传统安保系统深度融合，具有 24 h 不间断巡逻、热红外探测、受限人员识别、非法入侵预警等一系列智能安保功能，弥补常规安保监控盲区，有效提升安保管理效能、减轻人力安保工作强度、降低危险环境对人力带来的损伤。安防机器人如图 1-8 所示。

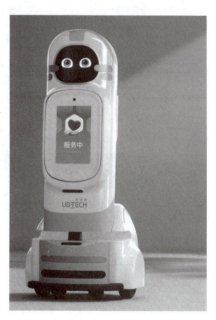

图 1-7　陪伴机器人

图 1-8　安防机器人

1.1.5　认知 Yanshee 机器人

偃师，记载于《列子·汤问》中的能工巧匠，制造出的人偶被誉为"机器人鼻祖"。Yanshee，取自"偃师"的谐音，回溯历史，传承工匠精神。

Yanshee 机器人是优必选教育面向高中和大学生开发的一款开源人形机器人教学平台，提供专属课程、教材，以及专业的教研团队的授课培训支持，支持 IEEE-优必选在中国的"机器人设计大赛"，是一套完整的、开源的、面向大学教育的机器人与 AI 教育解决方案。

下面以图 1-9 所示的智能人形教育服务机器人（以下简称"智能人形机器人"）为例，介绍服务机器人的结构。

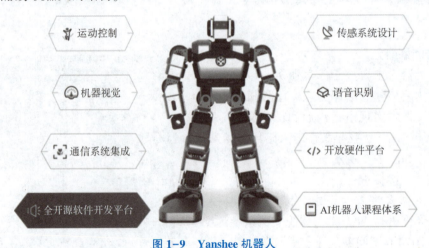

运动控制　　　　　　传感系统设计

机器视觉　　　　　　语音识别

通信系统集成　　　　开放硬件平台

全开源软件开发平台　　AI机器人课程体系

图 1-9　Yanshee 机器人

1.　Yanshee 机器人硬件功能

该人形机器人外形方面高度拟人，模块化可拆装，具有 17 个自由度，采取开放式硬件平台架构（Raspberry Pi+STM32），搭载了内置 800 万像素摄像头、陀螺仪传感器及多种通信模块，同时配套多种开源传感器包。图 1-10 所示为智能人形机器人可拆卸化模块。

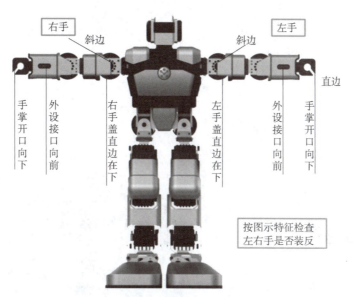

图 1-10　智能人形机器人可拆卸化模块

1）树莓派开发平台

树莓派（Raspberry Pi）是一款基于 Linux 的单板计算机。Yanshee 内装了定制的树莓派 3B 主板、一枚博通（Broadcom）出产的 ARM 架构 4 核心 1.2 GHz BCM2837 处理器、1 GB LPDDR2 内存、使用 SD 卡当作储存媒体，2 个 USB 接口，以及 HDMI（支持声音输出），还支持蓝牙 4.1 以及 Wi-Fi，如图 1-11 所示。

图 1-11　机器人硬件平台

硬件主板为树莓派 Raspberry Pi 3B/16GB，智能人形机器人硬件平台如图 1-12 所示，采用 Raspberry Pi+STM32 的开放式硬件平台架构，内置陀螺仪传感器，开放 GPIO 接口，具有丰富的开源学习资源。

2）语音、视觉

内置 800 万像素摄像头，支持 FPV 控制，RGB 三色可编程摄像头状态指示灯，如图 1-13 所示。

双声道立体声喇叭+高灵敏麦克风，提供智能语音交互的应用学习及设计，如图 1-14 所示。

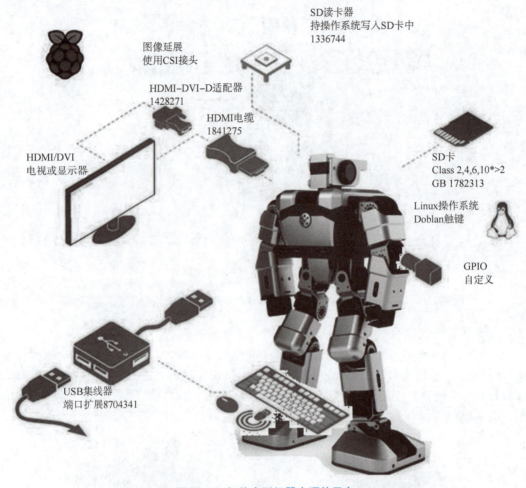

SD读卡器
持操作系统写入SD卡中
1336744

图像延展
使用CSI接头

HDMI-DVI-D适配器
1428271

HDMI电缆
1841275

HDMI/DVI
电视或显示器

SD卡
Class 2,4,6,10*>2
GB 1782313

Linux操作系统
Doblan触键

GPIO
自定义

USB集线器
端口扩展8704341

图1-12　智能人形机器人硬件平台

红

绿

蓝

图1-13　摄像头状态指示灯

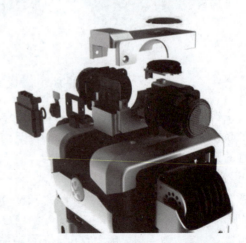

图1-14　双声道立体声喇叭+高灵敏麦克风

3）舵机

17 个自主研发的专业伺服舵机，内置 MCU，包含伺服控制系统、传感反馈系统及直流驱动系统，如图 1-15 所示。舵机间的时间差调校到 0.01 s，支持 360°旋转运动，动作精度达 1°，实现更多拟人动作和功能场景。

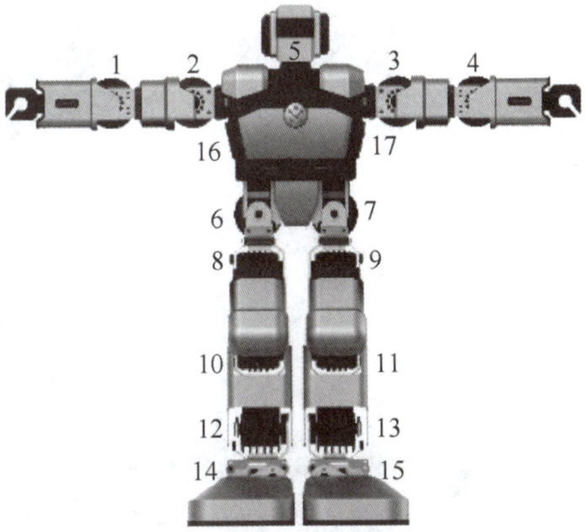

4）磁吸式开放接口

6 个磁吸式 POGO 4PIN 开放接口，支持多种外置传感器扩展。主流传感器配件包支持，包括红外、超声、温湿度、压力等。智能人形机器人接口说明如图 1-16 所示。

MCU 如图 1-17 所示，主流传感器配件包如图 1-18 所示，磁吸式开放接口位置如图 1-19 所示，磁吸式开放接口如图 1-20 所示。

图 1-15　舵机位置

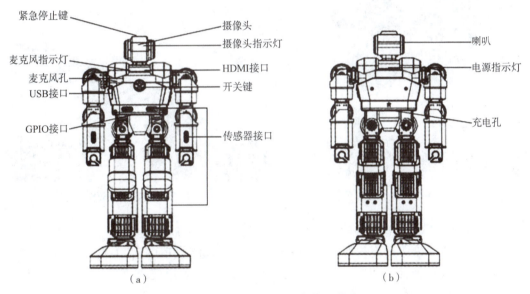

（a）　　　　　　　　　　　　（b）

图 1-16　智能人形机器人接口说明

（a）正面；（b）背面

MCU　　　0.01 s　　　360°

图 1-17　MCU

图 1-18　主流传感器配件包

图 1-19　磁吸式开放接口位置

图 1-20　磁吸式开放接口

2. Yanshee 机器人软件功能

软件方面提供专业开源学习的软件平台，支持 Blockly、Python、Java、C/C++等多种编程语言学习及多种 AI 应用的学习与开发。

1）操作系统

操作系统采用开源的 Linux 系统如 Ubuntu-Mate、RASPBIAN 等，能够满足基本的网络浏览、文字处理以及电脑学习的需要，可以执行游戏和 1 080p 影片的播放。

树莓派基金会提供了基于 ARM 的 Debian 和 Arch Linux 的发行版供大众下载。

2）智能语音功能

Yanshee 机器人具有语音识别和语义识别的功能，支持语音交互控制，以及相关语音应用开发。

（1）机器人开机后，短按胸前按钮，听到"叮"的一声后，便可启动语音识别功能，实现与机器人的语音交互。

（2）机器人开机后，连续两次短按胸前按钮，听到可启动连续语音识别功能，实现与机器人的连续语音交互。

（3）支持用户自定义其他语音平台学习或开发语音识别的算法及应用。

3）计算机视觉

（1）Yanshee 预装人脸分析、人脸跟踪、手势识别等功能。

（2）机器人待机状态，通过短按语音按钮（即机器人胸前电源开启按钮）打开语音识别，然后对机器人说出："分析人脸""手势识别"等命令，即可启动视觉识别功能，然后根据机器人的指令进行相应的操作。

（3）手势识别，目前支持 19 种手势。

（4）支持用户自定义其他视觉平台，学习或开发视觉识别的算法及应用。

4）ROS

ROS 是一个适用于机器人的开源操作系统。Yanshee 基于 ROS 系统控制底层设备。
ROS 的特点：

（1）丰富的机器人相关的软件库。

（2）分布式模块化的设计。

（3）强大的通信方式。

（4）免费的、开源的代码资源。

（5）大规模的用户社区。

5）运动仿真

（1）支持 ROS-Gazebo 机器人运动仿真，提供 Yanshee 仿真模型授权，在 Ubuntu16.04 运行环境。

（2）Rviz+Moveit 运动规划，可显示坐标轴、摄像头图像、地图、激光等通用类型数据。

6）传感器系统

（1）通过五种外部传感器跨 MCU 设计读取 Python SDK 方式、加九轴陀螺仪内置设计完成机器人感知环境的能力。

（2）软件精度校正、多场景拓展教学。

Yanshee 机器人是一款人工智能 & 机器人入门/进阶的教学平台，其采用 Raspberry Pi+ STM32 开放式的硬件平台架构、有丰富的开源资源支持，其传感器系统如图 1-21 所示。智能人形机器人规格参数如表 1-1 所示。

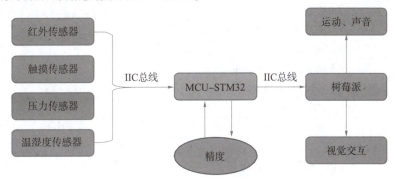

图 1-21　Yanshee 机器人的传感器系统

表 1-1　智能人形机器人规格参数

外观	
产品造型	人形外观
产品颜色	银色
产品尺寸	370 mm×192 mm×106 mm
产品质量	约为 2.05 kg
材质	铝合金结构、PC+ABS 外壳
伺服舵机	17 个自由度（DOF）
电气性能	
工作电压	DC 9.6 V
功率	4.5~38.4 W
工作温度	0~40 ℃
电源适配器	输入：100~240 V　50/60 Hz 1 A 输出：9.6 V，4 A
主芯片及存储器	
处理器	STM32F103RDT6 + Broadcom BCM2837 1.2 GHz 64-bit Quad-core ARMv8 Cortex-A53（Raspbian Pi 3B）
内存	1 GB
存储卡	16 GB
操作系统	Raspbian
网络	
Wi-Fi	支持 Wi-Fi 2.4 GHz 802.11b/g/n 快速连接
蓝牙	蓝牙 4.1
电池容量	2 750 mA/h
视觉	
摄像头	800 万像素，定焦
灯光	眼：三色 LED 灯×2 胸灯光：三色 LED 呼吸灯×3 麦克风灯：绿色指示灯×1 充电：双色指示灯×1
音频	
麦克风	单麦克风
喇叭	立体声喇叭×2
传感器	
内置传感器	九轴运动控制（Motion Tracking）传感器×1 主板温度检测传感器×1
扩展接口	POGO 4PIN × 6
调试接口	
HDMI	1 个
GPIO	40（6 个已占用）
USB	2 个

【项目实施】

任务准备

2.4 GHz 无线网络、智能人形机器人、无线键盘、无线鼠标、配套传感器、HDMI 线、计算机（已安装树莓派 Raspbian 系统、Linux 系统、Python 环境）、手机（已安装 Yanshee APP）。

任务实施

1. 开关智能机器人

1）电池安装

（1）机器人左臂下方是电池仓，顺时针旋转电池仓开关 90°，即可开启电池仓，如图 1-22 所示。

图 1-22　机器人电池安装图

（2）将电池卡入电池仓盖，再插入电池仓，逆时针旋转电池仓盖开关 90°，即可锁紧电池仓盖。

2）机器人开机

长按机器人胸前按钮 2~3 s，直到胸前按钮蓝色指示灯亮起后松开，当机器人直立且双臂落下时，则表示机器人启动成功，机器人将语音播报提示"Yanshee 启动完毕"，如图 1-23 所示。

图 1-23　机器人开机图

3）机器人关机

长按机器人胸前按钮 2~3 s，当听到机器人关机提醒："我准备关机了"松开手即可，机器人会执行关机动作。

4）紧急制动

Yanshee 机器人头部上方有一个红色按钮，按一下，机器人电源立即断开，全身舵机处于松弛状态。

5）电池充电

电池安装完成后，将电源线插入机器人背部充电孔，电源指示灯亮起表示正在充电，指示灯转为黄色表示充电完成，如图1-24所示。

图1-24　机器人充电图

2. 配置机器人网络

方法一：下载Yanshee APP，确认手机的Wi-Fi、蓝牙和GPS已经开启后，单击主界面右上角图标进行机器人搜索连接和配网，可根据机器人背部标签的Wi-Fi MAC地址后四位来确认设备。

使用之前请先使用手机号码或邮箱注册账号或直接使用校园账号，注册账号成功后方可使用注册的账号或者校园账号登录系统，如图1-25所示。

图1-25　机器人网络配置图

（1）确认手机的蓝牙和Wi-Fi已经开启，且手机连的Wi-Fi是2.4 GHz频段。

（2）单击"Yanshee APP"主界面右上角的图标，如图1-26所示，进入Yanshee配网设置向导页面。根据Yanshee配网设置向导提示，进行无线网络设置。

（3）根据机器人背部标签的后4位MAC地址值选择要连接的设备，如图1-27所示序列号，确定是否为手机APP界面所显示的机器人设备名称。

（4）选择设备后，APP页面中会显示与本机Wi-Fi相同的SSID，输入正确的Wi-Fi密码后（无密码则不输入），单击"加入"按钮，机器人将进行配网连接（见图1-28），此时，机器人会语音提示"正在连接网络"。

图1-26　机器人网络配置图

图1-27　初次选择机器人 MAC 地址

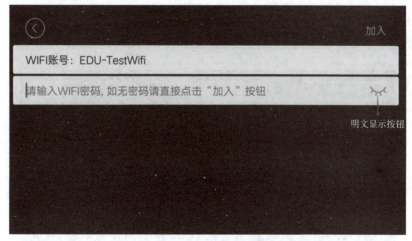

图1-28　配网连接

　　当网络连接成功后，机器人会发出"您已经联网成功"的语音提示；若连接失败，机器人会发出"连接网络失败"的语音提示，此时可重新进行配网连接。

方法二：

（1）通过 Yanshee 胸口上方的 HDMI 输出接口将机器人连接至显示屏，如图 1-29 所示。

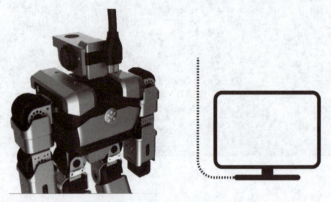

图 1-29　机器人连接 PC 机

（2）通过 Yanshee 旁侧的 USB 接口连接键盘和鼠标，如图 1-30 所示。

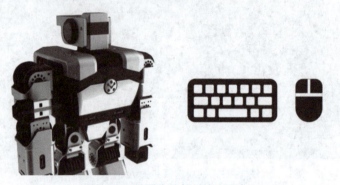

图 1-30　机器人连接键盘和鼠标

（3）开机后即可访问 Yanshee 本体操作系统，单击右上角网络图标即可实现配网，如图 1-31 所示。

图 1-31　机器人本体操作系统图

任务评价

完成本项目中的学习任务后，请对学习过程和结果的质量进行评价和总结，并填写评价反馈表，如表 1-2 所示。自我评价由学习者本人填写，小组评价由组长填写，教师评价由任课教师填写。

表 1-2　评价反馈表

班级		姓名		学号		日期	
自我评价	1. 能够正确拆箱对照清单清点机器人部件					□是　　　　□否	
	2. 能够正确指出机器人的 17 个舵机位置					□是　　　　□否	
	3. 能够正确操作机器人开关机					□是　　　　□否	
	4. 能够正确配置机器人网络					□是　　　　□否	
	5. 是否能按时上、下课，着装规范					□是　　　　□否	
	6. 学习效果自评等级					□优　□良　□中　□差	
	7. 在完成任务的过程中遇到了哪些问题？是如何解决的？						
	8. 总结与反思						
小组评价	1. 在小组讨论中能积极发言					□优　□良　□中　□差	
	2. 能积极配合小组完成工作任务					□优　□良　□中　□差	
	3. 在查找资料信息中的表现					□优　□良　□中　□差	
	4. 能够清晰表达自己的观点					□优　□良　□中　□差	
	5. 安全意识与规范意识					□优　□良　□中　□差	
	6. 遵守课堂纪律					□优　□良　□中　□差	
	7. 积极参与汇报展示					□优　□良　□中　□差	
教师评价	综合评价等级： 评语： 教师签名：　　　　　日期：						

项目 1. 2   调试智能服务机器人

任何机械包括工业机器人、服务机器人在使用前都要进行设备调试，调试工作一般在现场设备安装完成后开始，经过良好调试的机器人会更好、更可靠地运行，更节能并且寿命更长，使机器人使用达到预期效果。那么，服务机器人需要调试哪些内容呢？我们可以借助哪些工具和仪器更好、更准确地开展服务机器人调试工作呢？

在本项目中，我们将了解服务机器人运动学基础知识，掌握服务机器人坐标系的标定方法，通过对智能人形服务机器人 Yanshee 的舵机校准和基础功能调试，了解服务机器人功能测试方法，熟悉服务机器人调试内容、调试规范。

【学习目标】

知识目标

➢ 熟悉服务机器人常用坐标系；

➢ 了解服务机器人的运动机构、运动原理；

➢ 掌握服务机器人常规调试内容；

➢ 掌握服务机器人调试流程、调试规范。

技能目标

➢ 能够使用服务机器人调试工具对服务机器人舵机进行校正调试；

➢ 能够使用服务机器人应用软件对服务机器人进行基础功能调试。

素质目标

➢ 通过介绍机器人零点标定，教育学生不忘初心；

➢ 调试机器人机械系统、控制系统，培养学生一丝不苟的科研精神。

【项目任务】

本任务将基于 Yanshee 机器人，学习服务机器人的坐标系基础、运动学基础、零点标定等知识，能够调试机器人的机械系统、控制系统等，包括调试智能人形机器人的舵机及其他基础功能。

【知识储备】

1. 2. 1   机器人坐标系基础

1. 坐标系概述

1）什么是坐标系

为了说明物体的位置、运动的快慢和方向等，必须选取坐标系。在参照系中，为确定空间一点的位置，按规定方法选取的有次序的一组数据就叫作"坐标"。在某一问题中，规定坐标的方法就是该问题所用的坐标系。坐标系的种类很多，常用的坐标系有笛卡儿直角坐标系、平面极坐标系、柱面坐标系（柱坐标系）和球面坐标系（球坐标系）等。

对于机器人的运动，通常需要建立很多坐标系，以表达机器人的位置、方位、转动等运动信息。任何机器人都离不开坐标系。

2）坐标系右手准则

在坐标系中，x 轴、y 轴和 z 轴的正方向是按以下规定的：把右手放在原点的位置，使拇指、食指和中指互成直角，将拇指指向 x 轴的正方向，食指指向 y 轴的正方向时，中指所指的方向就是 z 轴的正方向。此坐标系又称为右手直角坐标系（见图 1-32），主要是为了规定各个坐标系的正方向。

2. 机器人常用坐标系

每个坐标系都有各自的作用，很多函数指令都要用坐标系，每种坐标意义不一样，但是都是为了记录机器人的相对位置和姿态。机器人常用坐标系有以下三种：

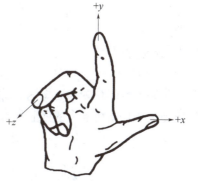

图 1-32　右手准则

1）绝对坐标系

绝对坐标系也叫世界坐标系，它是独立于机器人之外的一个坐标系，是机器人所有构件的公共参考坐标系。绝对坐标系可以选取空间中任意一点。

2）固定坐标系

固定坐标系也叫基座坐标系，它固定在机器人上，是机器人其他坐标系的公共参考坐标系。固定坐标系可以选择固定在机器人的任一位置上（通常面向机器人：前后为 x 轴，左右为 y 轴，上下为 z 轴）。

3）局部坐标系

局部坐标系也叫杆件坐标系或者关节坐标系，它固接在机器人的活动构件（关节）上，是活动杆件上的固定坐标系，随杆件的运动而运动。一般来说，机器人有多少个活动构件，就至少要建立多少个局部坐标系。

以上三种坐标系之间的关系如图 1-33 所示。

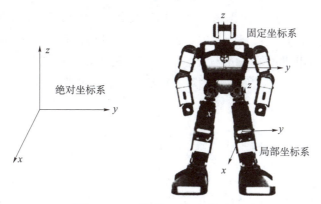

图 1-33　三种坐标系之间的关系

机器人的所有坐标系的建立都是人为设定的，不同的坐标系建立方法，对机器人的分析和控制有不同的影响。

1.2.2　机器人运动学基础

运动学是从几何的角度描述和研究物体位置随时间的变化规律的力学分支，主要是研究物体的位置、速度、角速度、加速度、角加速度等特征之间的关系。机器人是由一系列刚体通过关节连接而成的，包含数个运动链。每个运动链中，各连杆间的位移关系是建立机器人运动学方程的基础。机器人运动学建立在坐标系及其变换的基础之上，主要研究机器人末端操作器的位姿问题。

1. 位姿

位姿是空间位置和姿态的合称，通常指末端执行器或机械接口的位置和姿态。机器人的位姿主要是指机器人的四肢等部件在空间的位置和姿态，有时也会用到其他各个活动杆件在空间的位置和姿态。位置可以用一个位置矩阵来描述，如图 1-34 所示，空间中的一个点 $P(x, y, z)$ 向量就是末端的位置，$(0, 0, 0)$ 就是表示原点的位置。姿态可以用坐标系三个坐标轴两两夹角的余弦值来表示。

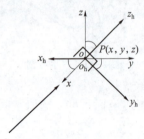

图 1-34　空间坐标系中的位姿描述

用位置加姿态可以描绘出机械臂末端相对于基座的状态，例如对机械臂的末端有一个坐标系，基座也有一个坐标系，以基座坐标系为参考，可以用一个矩阵来描述机械臂末端坐标系基于基座坐标系的姿态。

2. 机器人运动学类型

机器人运动学包括正向运动学和逆向运动学。正向运动学即给定机器人各关节变量，计算机器人末端相对于参考坐标系的位置姿态；逆向运动学即已知机器人末端的位置姿态以及杆件的结构参数，计算机器人对应位置的全部关节变量。

正向运动学就是运动本来的顺序，因为关节变量变化，末端位姿才会变化，求解正向运动问题，是为了检验、校准机器人，计算工作空间等，一般正向运动学的解是唯一和容易获得的；但实际生活应用中更多情况是"用户关心的是末端位姿，要让机器人完成一个动作，实现机械臂位置控制"，这时，就是已知末端的位姿情况，用逆向运动学求解各关节角度，再控制关节电机沿着特定轨迹移动，求解逆向运动问题是为了规划关节空间轨迹，更好地控制机器人等，求解比较困难。机器人运动学求解过程中所需的高等教育阶段的数学矩阵理论，本书不做详细介绍。

1.2.3　机器人零点标定

零点是机器人坐标系的基准，机器人零位是机器人操作模型的初始位置，通常将各轴 "0" 脉冲的位置作为零点位置，此时的姿态称为零点位置姿态，也就是机器人回零时的终止位置，机械零点位置表明了同轴的驱动角度之间的对应关系。不同厂家机器人的机械零点各有不同，一般机器人在本体设计过程中已考虑了零位接口（例如凹槽、刻线、标尺等）。

机器人的零点标定是将机器人的机械信息和位置信息同步，定义机器人的物理位置，从而使机器人能够准确地按照原定位置移动。

1. 机器人零点标定的意义

机器人以零点作为各轴的基准计算本体实际位置姿态，实现对机器人位置移动准确控制。机器人只有得到正确的零点标定，才能达到它最高的点精度和轨迹精度或者完全能够以编程设定的动作运动。没有零点，机器人就没有办法准确判断自身的位置；当零位不正确时，机器人不能正确运动；而且只有所有关节的零点数据都完成标定后，机器人才能全功能运动。

如果机器人未经零点标定，则会严重限制机器人的功能，可能会出现以下现象：

（1）编程运行：不能沿编程设定的点运行。

（2）进行笛卡儿式手动运行：不能在坐标系中移动。

（3）限位开关关闭。

2. 标定零点的情况

机器人在运输过程中有时会造成机器人轴零点丢失，或者在更换电机后造成机器人轴零点丢失，此时，需要专用的工具重新对机器人轴进行零点标定。原则上，机器人必须时刻处于已标定零点的状态。

机器人必须进行零点标定有以下几种情况：

（1）机械系统、软件系统重新安装。

（2）更换了机械零部件、电气零部件。

（3）发生机械部件碰撞或机械部件超越极限位置。

（4）没在控制器控制下移动了机器人关节。

（5）参与定位值感测的部件采取了维护措施。

（6）其他可能造成零点丢失的情况。

3. 零点标定的注意事项

机器人零点标定注意事项如下：

（1）完整的零点标定过程包括为每一个轴标定零点。

（2）在进行维护前一般应检查当前机器人的零点标定。

（3）如机器人零点数据标定有顺序要求，请按序进行，否则将影响机器人运动效果。

4. 如何执行零点标定

零点标定可通过确定轴的机械零点的方式进行。使用机器人配套管理软件和相应的标定工具或机器人专用标定工具进行零点标定，在此过程中机器人关节轴将一直运动，直至达到机械零点为止。所有机器人的零点标定都是相似的，但不尽相同。机器零点信息在同一机器人型号的不同机器人之间也会有所不同。标定流程如下：

（1）选择合适的辅助工具。

千分表：使用手工检测，输入数据的方法。必须在轴坐标系运动模式下手动手工检测，人工读数判断零点，输入数据。

EMT：使用电子仪表自动标定记录的方法。EMT 可以为任何一根轴在机械零点位置指定一个基准值。EMD（Electronic Mastering Device）即电子控制仪，一个高精度的位移传感器。

模块 1 智能机器人技术

（2）选择需要标定的关节轴。

打开机器人管理软件相应功能，选择需标定的关节轴，将关节轴置于关节零位接口（机械零点）位置。

（3）安装辅助工具。

安装辅助工具，并使用工具标定后拆卸辅助工具。

（4）进行标定。

重复（2）~（4），直至完成所有关节轴的零点标定。

1.2.4　调试服务机器人

1. 调试前提

机器人应组装完整、充分充电且可操作，所有自我诊断测试应完全满足，试验应按制造商规定的操作准备进行，确保机器人在整个试验过程中以安全的方式运行。在测试前机器人应进行适当的预热。机器人应处于正常工作状态，除非另有说明，机器人应在额定负载条件下以额定速度进行测试。

2. 调试内容

1）机械系统的调试

调整机器人末端执行器与周边配套设备之间位置，以达到机器人与其他设备动作配合的要求。按照装配技术要求检查周边配套设备相关功能，如移动平台移动行程等。调整机器人视觉系统部件功能，如图像成像、聚焦、亮度等。检查传感器、相机等部件安装位置的准确性。

2）控制系统的调试

机器人是复杂的应用，有大量不同的部件协同工作。就像其他复杂应用一样，这可能会导致出现一些需要关注的缺陷，或者会导致机器人的行为异常。验证机器人工作后，下一步是将其连接到通道。要执行此操作，可以将机器人部署到过渡服务器，并为机器人创建自己的直接线路客户端以连接机器人。

本书中提到的智能人形服务机器人 Yanshee 就提供了一个专门的应用 Swagger_UI，用户可以通过 Swagger_UI 直接调试机器人的各项参数，实现机器人控制。

3）系统操作与编程调试

系统操作与编程调试包含外部辅助轴的控制参数设定，机器人系统外部启动/停止、输入、输出、急停等信号设定，机器人系统用户信息设定和修改，机器人系统网络通信参数设定，机器人系统控制参数设定，机器人功能实现编程等。

【项目实施】

任务准备

2.4 GHz 无线网络、智能人形机器人、无线键盘、无线鼠标、配套传感器、HDMI 线、计算机（已安装树莓派 Raspbian 系统、Linux 系统、Python 环境）、手机（已安装 Yanshee APP）。

任务实施

1. 检查机器人机械系统

（1）检查机器人各部件安装位置是否正常，如图 1-35、图 1-36 所示。

（2）手动检查机器人的 17 个舵机运转是否正常。

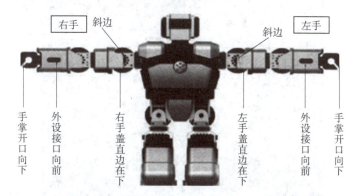

图 1-35　Yanshee 左右手正确安装位置

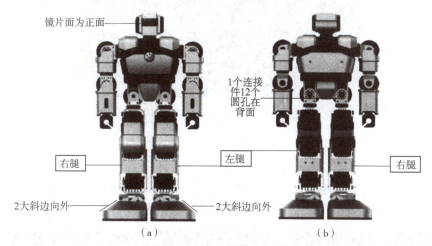

（a）　　　　　　　　　　　（b）

图 1-36　Yanshee 左右腿正确安装位置

（a）正面；（b）背面

2. 检查机器人软件系统

（1）机器人通过 HDMI 线连接 VGA，机器人开机，进入当前机器人的树莓派系统的命令终端（或使用快捷键 Ctrl+Alt+T 打开终端命令行）。

（2）先输入命令"cd/home/pi/.Factory_v2.3"，按 Enter 键后输入命令"python./factory_robot.py"执行生产测试，如图 1-37 所示。对"树莓派 SDK 版本、树莓软件版本、STM32 版本、固定数值、舵机版本及通信"进行检测，如有异常会自动报错。

3. 调试机器人舵机

机器人舵机在长期使用过程中可能会产生虚位角度偏差，或因各种原因出现以下情况时，可以通过 Yanshee APP 舵机校正机器人舵机角度、消除偏差，使机器人的动作执行更好、更流畅：机器人某些舵机存在没有水平或垂直对齐的情况；机器人执行动作不标准；机器人执行动作/舞蹈过程中频繁跌倒；机器人重装或更换零件；机器人出现跌倒或机械碰撞；非常规移动机器人关节等。

（1）快速校准，用 Yanshee APP 舵机快速校准功能可对机器人所有舵机进行零点标定。具体步骤如下：

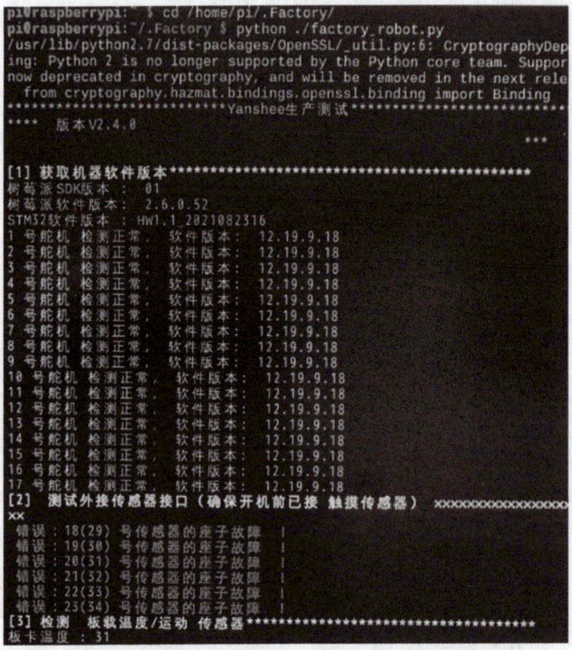

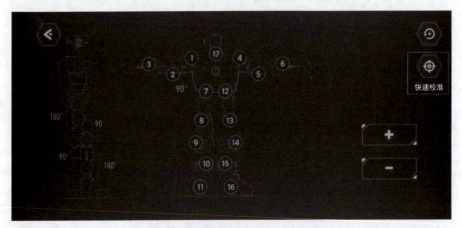

图 1-37　进入软件系统测试环境

① 准备器具工具、机器人、机器人包装盒。

② Yanshee APP 与机器人进行网络连接。

③ 单击 Yanshee APP 左侧菜单"舵机校正"，进入舵机校正界面，如图 1-38 所示。

④ 单击"快速校准"选项，根据页面提示分步进行舵机校正。

图 1-38　"舵机校正"—"快速校准"

（2）手动校准。手动校准步骤如下：

① 校正准备工作与"快速校准"一致，单击 Yanshee APP 左侧菜单"舵机校正"，进入如图 1-38 所示舵机校正界面。

② 单击舵机序号，选择需要调试的舵机，通过单击"+"和"-"按钮调平对应舵机，如图 1-39 所示。

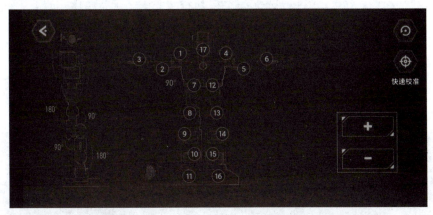

图 1-39　"舵机校正"—"手动校准"

③ 将机器人的双手调平，头部与身体水平；胸部与膝关节的夹角为 115°，膝关节与小腿夹角为 90°，机器人两脚底板水平，如图 1-40 所示。

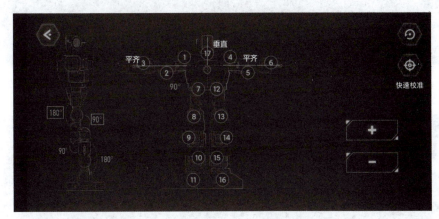

图 1-40　"舵机校正"—"手动校准" 标准

（3）退出校准。

① 如图 1-41 所示，单击"后退"按钮，退出舵机校正界面，验证舵机校正效果。

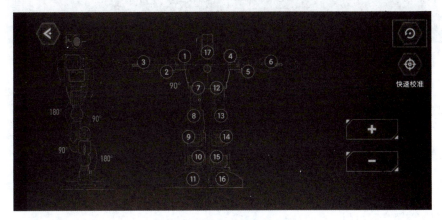

图 1-41　退出"舵机校正"

② 打开 Yanshee APP，单击"运动控制"，执行"起床"和"串烧"两个动作，如果机器人前后左右可以正常移动，能够平稳动作而不会摔倒，就可认为校正的比较理想。

4. 调试机器人的基础功能

1）Yanshee APP 基础控制操作

（1）单击 Yanshee APP 主界面的"运动控制"，如图 1-42 所示，进入运动控制界面，如图 1-43 所示。

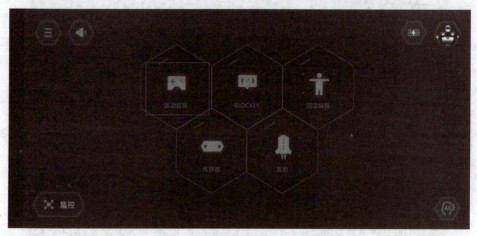

图 1-42　Yanshee APP 主界面

图 1-43　Yanshee APP 运动控制界面

（2）单击图 1-43 所示界面中右下角第一个图标"文字转语音"，可以让机器人读出录入的文字内容。

（3）单击图 1-43 所示界面中右下角第二个图标"麦克风"，开启双声道立体声喇叭和高灵敏麦克风，让机器人可以听见。

（4）单击图 1-43 所示界面中右下角第三个图标"摄像头"，让机器人看得见、能记录。

（5）单击图 1-43 所示界面中左下方的"遥控器"图标，可以控制机器人前进、后退、左转、右转。

2）Blockly 模块化编程功能调试

以一个简单的人脸识别的 Blockly 模块编程为例。具体步骤如下：

（1）打开软件：双击树莓派桌面的 Blockly 图标，打开软件。

（2）模块编程：从左边拖动程序块至编辑区，逻辑代码界面如图 1-44 所示。

图 1-44　逻辑代码界面

（3）运行测试：根据代码，调试情况分真实情况（人脸、动物脸、其他物体）和模拟情况（含有人脸的纸质、相片材料）。

任务评价

完成本项目中的学习任务后，请对学习过程和结果的质量进行评价和总结，并填写评价反馈表，如表 1-3 所示。自我评价由学习者本人填写，小组评价由组长填写，教师评价由任课教师填写。

表 1-3　评价反馈表

班级		姓名		学号		日期		
自我评价	1. 能够说出机器人的坐标系类型					□是		□否
	2. 能够完成人形服务机器人的零点标定操作					□是		□否
	3. 能够手动调试人形服务机器人的舵机					□是		□否
	4. 能够使用 Yanshee APP 软件控制机器人前进、后退、左转、右转					□是		□否
	5. 能够使用 Yanshee APP 软件唤醒机器人					□是		□否
	6. 能够使用 Yanshee APP 软件对机器人进行 Blockly 模块化编程调试					□是		□否
	7. 是否能按时上、下课，着装规范					□是		□否
	8. 学习效果自评等级					□优　□良		□中　□差
	9. 在完成任务的过程中遇到了哪些问题？是如何解决的？							
	10. 总结与反思							

续表

小组评价	1. 在小组讨论中能积极发言	□优 □良 □中 □差
	2. 能积极配合小组完成工作任务	□优 □良 □中 □差
	3. 在查找资料信息中的表现	□优 □良 □中 □差
	4. 能够清晰表达自己的观点	□优 □良 □中 □差
	5. 安全意识与规范意识	□优 □良 □中 □差
	6. 遵守课堂纪律	□优 □良 □中 □差
	7. 积极参与汇报展示	□优 □良 □中 □差
教师评价	综合评价等级： 评语： 　　　　　　　　　　　　教师签名：　　　　　日期：	

项目 1.3　搭建机器人软件环境

在服务机器人相关技术中，软件环境的搭建至关重要。一个机器人只有搭建完软件环境，才能被人们控制并进行服务。脱离了软件环境的搭建，即使再强大的机器人也会变得毫无用武之地。除此之外，学习服务机器人软件基础知识（包括操作系统搭建和运行软件环境构建的相关知识）也有助于我们更深入地了解服务机器人。

在本项目中，将带大家学习服务机器人软件环境的搭建，全面了解机器人运行的操作系统及基本环境，掌握机器人操作系统的安装与使用。

【学习目标】

知识目标

➢ 了解 Linux 操作系统的定义与特点；

➢ 了解树莓派的概念以及树莓派支持的操作系统；

➢ 了解机器人操作系统的概念与发行版本；

➢ 掌握 Linux 基础操作命令。

技能目标

➢ 能够使用 Linux 命令执行相关操作；

➢ 能够使用 VNC 访问机器人树莓派系统。

素质目标

➢ 通过学习使用 Linux 操作命令，培养一丝不苟的精神。

➢ 通过 VNC 访问机器人培养团队合作精神。

【项目任务】

本任务将基于 Yanshee 机器人，学习 Linux 系统及基础操作命令，学会正确使用 Linux 操作命令、使用 VNC 访问机器人树莓派系统。

【知识储备】

1.3.1　认识 Linux 操作系统

Linux 作为一种开源的操作系统，是目前为止最受欢迎的操作系统之一。从编程到电子设备操作，很多嵌入式设备开发都需要在 Linux 环境下做开发。

1. Linux 操作系统概述

1）Linux 操作系统的诞生

Linux 操作系统是一套免费使用且自由传播的类 UNIX 操作系统，诞生于 1991 年 10 月 5 日，由芬兰人林纳斯·托瓦兹（Linus Torvalds）在赫尔辛基大学上学时出于个人爱好而编写。Linux 是一个基于 POSIX 和 UNIX 的多用户、多任务、支持多线程和多 CPU 的操作系统，存在着许多不同的发行版本，但它们都使用了 Linux 内核。

Linux 可安装在各种计算机硬件设备中，比如手机、平板计算机、路由器、视频游戏控制台、台式计算机、大型计算机和超级计算机。严格来讲，Linux 这个词本身只表示 Linux 内核，但实际上人们已经习惯了用 Linux 来形容整个基于 Linux 内核并且使用 GNU 工程各种工具和数据库的操作系统。

2）Linux 操作系统的发行版本

Linux 有上百种不同的发行版本，如基于社区开发的 Debian、Arch 和基于商业开发的 Red Hat Enterprise Linux、SUSE、Oracle Linux 等。目前市面上较知名的发行版本有 Ubuntu、RedHat、CentOS、Debian、Fedora、SUSE、openSUSE、Arch Linux、SolusOS 等。Linux 的发行版本是将 Linux 内核、GNU 工具、附加软件和软件包管理器组成一个操作系统，并提供系统安装界面和系统配置以及管理工具。以 Linux 为内核的发行家族与具体版本的关系如图 1-45 所示。

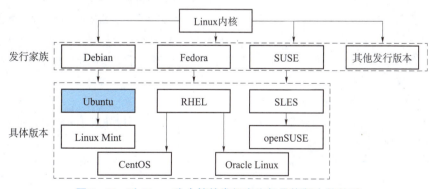

图 1-45　以 Linux 为内核的发行家族与具体版本的关系

Ubuntu 中文名"乌班图"，是基于 Debian 的一个 GNU/Linux 操作系统，Ubuntu 标志

图1-46　Ubuntu 标志

如图 1-46 所示。其理念是 "Humanity to others"，即 "人道待人"。Ubuntu 是一个以桌面应用为主的 Linux 操作系统，每 6 个月发布一个新版本，每个版本都有代号和版本号。版本号基于发布日期，例如第一个版本 Ubuntu4.10，代表是在 2004 年 10 月发行的。

3）Linux 操作系统的特点

目前在我国 Linux 操作系统更多的是应用于服务器上，而桌面操作系统更多使用的是 Windows 操作系统。与 Windows 操作系统相比，Linux 操作系统具有稳定且高效、免费或低费用、漏洞少且修补快等特点。从界面、驱动程序、使用、学习、软件支持等五个方面对比 Linux 操作系统和 Windows 操作系统，如表 1-4 所示。

表1-4　Linux 操作系统 VS Windows 操作系统

项目	Windows 操作系统	Linux 操作系统
界面	①界面统一； ②外壳程序固定； ③所有 Windows 程序菜单几乎一致，快捷键也几乎相同	①发布版本不同图形界面风格不同； ②不同版本可能互不兼容； ③GNU/Linux 的终端机是从 UNIX 传承下来的，基本命令和操作方法几乎相同
驱动程序	①驱动程序丰富，版本更新频繁； ②默认安装程序里面一般包含有该版本发布时流行的硬件驱动程序，之后所出的新硬件驱动程序依赖于硬件厂商提供。对于一些旧版硬件，如果没有原配的驱动程序有时很难支持。有时硬件厂商未提供所需版本的 Windows 下的驱动，也会比较棘手	①志愿者免费开发，由 Linux 核心开发小组发布； ②很多硬件厂商基于版权考虑并未提供驱动程序，尽管多数无须手动安装，但是涉及安装则相对复杂，使新用户面对驱动程序问题会一筹莫展。但是在开源开发模式下，许多旧版硬件尽管在 Windows 下很难支持的也容易找到驱动。HP、Intel、AMD 等硬件厂商逐步不同程度地支持开源驱动，问题正在得到缓解
使用	①使用简单、容易上手； ②图形化界面，对零基础用户使用十分友好	①图形界面使用简单，易入门； ②文字界面，需要学习基本知识才能掌握
学习	系统构造复杂、变化频繁，知识、技能迭代很快，深入学习困难	系统构造简单、稳定，且知识、技能易于传承，深入学习相对容易
软件支持	大部分特定功能都需要商业软件的支持，需要购买相应的授权	大部分软件都可以自由获取，同样功能的软件选择较少

2. Linux 系统基础命令

为了更好地在 Yanshee 机器人上做开发，现介绍机器人终端常用 Linux 命令。Linux 系统基础命令如表 1-5 所示。

表 1-5　Linux 系统基础命令

序号	命令	功能
1	pwd	查看用户的当前目录
2	cd	切换目录
3	.	表示当前目录
4	..	表示当前目录的上一级目录（父目录）
5	-	表示用 cd 命令切换目录前所在的目录
6	~	表示用户主目录的绝对路径名
7	ls	显示文件或目录信息
8	mkdir	当前目录下创建一个空目录
9	rmdir	删除空目录
10	touch	生成一个空文件或更改文件的时间
11	cp	复制文件或目录
12	mv	移动文件或目录，文件或目录改名
13	rm	删除文件或目录
14	In	建立链接文件
15	find	查找文件
16	file/stat	查看文件类型或文件属性信息
17	cat	查看文本文件内容
18	more	可以分页看
19	less	不仅可以分页，还可以方便地进行搜索、回翻等操作
20	tail	查看文件的尾部行
21	head	查看文件的头部行
22	echo	把内容重定向到指定的文件中，有则打开，无则创建

下面介绍主要 Linux 命令操作，希望对学习 Yanshee 起到快速奠定基础的作用。

连接 HDMI 显示器或 VNC 登录机器人，出现树莓派界面，找到左上角图标位置，如图 1-47 所示。

图 1-47　命令行终端图标

单击命令行终端图标或按快捷键 Ctrl+Alt+T 打开终端命令行。类似于 Windows 的 CMD 命令行界面，如图 1-48 所示。

pi@raspberrypi: ~
File Edit Tabs Help
pi@raspberrypi:~ $

图 1-48　命令行界面

1）ls 命令

格式：ls［选项］［目录或文件］

功能：对于目录，列出该目录下的所有子目录与文件；对于文件，列出文件名以及其他信息。

常用选项：

-a：列出目录下的所有文件，包括以“，”开头的隐含文件。

-d：将目录像文件一样显示，而不是显示其他文件。

-i：输出文件的 i 节点的索引信息。

-k：以 k 字节的形式表示文件的大小。

-l：列出文件的详细信息。

-n：用数字的 UID、GID 代替名称。

在终端输入 ls 命令，然后回车，显示效果如图 1-49 所示。

pi@raspberrypi:~ $ ls
123.sh Documents MagPi Pictures python_games Videos
Desktop Downloads Music Public Templates Yanshee-OpenADK

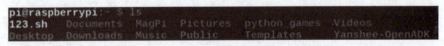

图 1-49　ls 命令

在终端输入 ls -l 命令，然后回车，显示效果如图 1-50 所示。

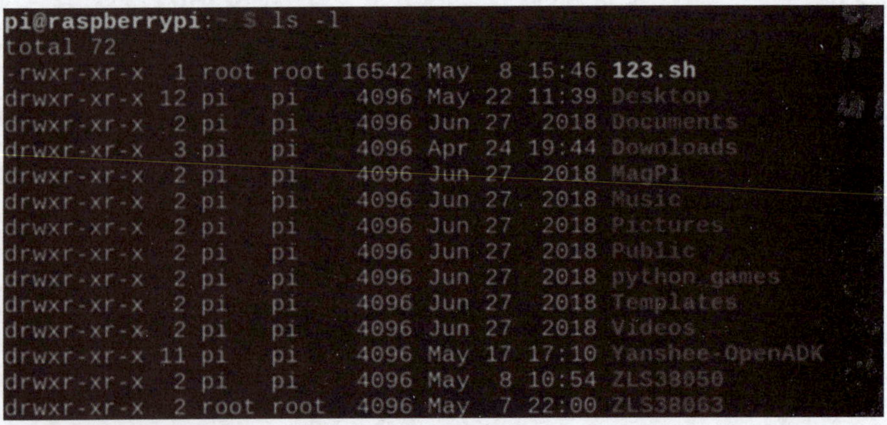

pi@raspberrypi:~ $ ls -l
total 72
-rwxr-xr-x 1 root root 16542 May 8 15:46 123.sh
drwxr-xr-x 12 pi pi 4096 May 22 11:39 Desktop
drwxr-xr-x 2 pi pi 4096 Jun 27 2018 Documents
drwxr-xr-x 3 pi pi 4096 Apr 24 19:44 Downloads
drwxr-xr-x 2 pi pi 4096 Jun 27 2018 MagPi
drwxr-xr-x 2 pi pi 4096 Jun 27 2018 Music
drwxr-xr-x 2 pi pi 4096 Jun 27 2018 Pictures
drwxr-xr-x 2 pi pi 4096 Jun 27 2018 Public
drwxr-xr-x 2 pi pi 4096 Jun 27 2018 python_games
drwxr-xr-x 2 pi pi 4096 Jun 27 2018 Templates
drwxr-xr-x 2 pi pi 4096 Jun 27 2018 Videos
drwxr-xr-x 11 pi pi 4096 May 17 17:10 Yanshee-OpenADK
drwxr-xr-x 2 pi pi 4096 May 8 10:54 ZLS38050
drwxr-xr-x 2 root root 4096 May 7 22:00 ZLS38063

图 1-50　ls -l 命令

显示了当前目录下所有文件的权限、创建时间和文件大小等详细信息。

2）touch 命令

格式：touch［选项］文件名

功能：touch 命令参数可以更改文档或目录的日期时间，包括存取时间和更改时间，或者新建一个不存在的文件，如图 1-51 所示。

常用选项：

-a 仅改变指定文件的存取时间。

-c 或 -no-creat 不创建任何文件。

-m 仅改变指定文件的修改时间。

图 1-51　touch 命令

3）pwd 命令

格式：pwd

功能：显示出当前工作目录的绝对路径，如图 1-52 所示。

图 1-52　pwd 命令

可见，Yanshee 的默认端口路径是/home/pi。

4）cd 命令

格式：cd［目录名称］

功能：切换目录到特定目录下，如图 1-53 所示。

常用选项：

cd.. 返回上一级目录。

cd../../将当前目录向上移动两级。

cd-返回最近访问目录。

图 1-53　cd 命令

我们先切换目录到桌面目录，然后再切换目录回到上一层目录，通过 pwd 查看得到验证。

5）mkdir 命令

格式：mkdir［选项］dirname

功能：mkdir 命令用来创建目录，如图 1-54 所示。

常用选项：

-D-parents 可以是一个路径名称。此时若路径的某些目录尚不存在，加上此选项后，系统将自动建立好那些尚不存在的目录，即一次可以建立多个目录。

-m-mode＝MODE 将新建目录的存取权限设置为 MODE，存取权限用给定的八进制数字表示。

图 1-54　mkdir 命令

6）rm 命令

格式：rm ［选项］ 文件列表

功能：rm 命令删除文件或目录，如图 1-55 所示。

常用选项：

-F-force 忽略不存在的文件，并且不给出提示信息。

-r-R，-recursive 递归地删除指定目录及其下属的各级子目录和相应的文件。

-i 交互式删除文件。

说明：rm 命令删除指定的文件，默认情况下，它不能删除目录。如果文件不可写，则标准输入是 tty（终端设备）。如果没有给出选项-F 或者-force，rm 命令删除之前会提示用户是否删除该文件；如果用户没有回答 y 或者 Y，则不删除该文件。

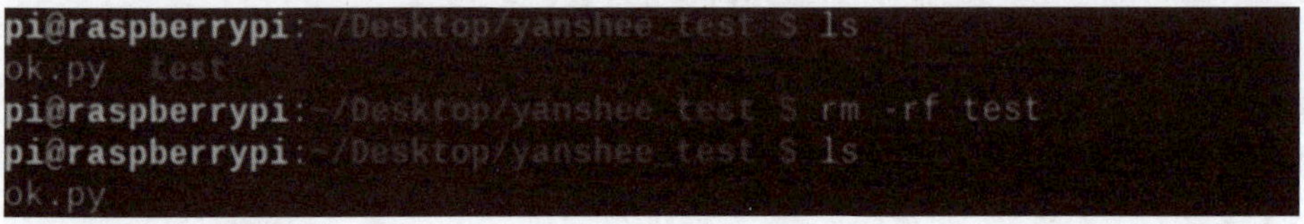

图 1-55　rm 命令

7）cp 命令

格式：cp ［选项］ 源文件，目录目标文件或目录

功能：复制文件或目录，如图 1-56、图 1-57 所示。

常用选项：

-f_force 强行复制文件或目录，不论文件或目录是否已经存在。

-d 复制时保留文件链接。

-i-interactive 覆盖文件之前先询问用户。

-r 递归处理，将指定目录下的文件与子目录一并处理。若源文件或目录的形态不属于目录或符号链接，则一律视为普通文件处理。

-R 或-recursive 递归处理，将指定目录下的文件及子目录一并处理。

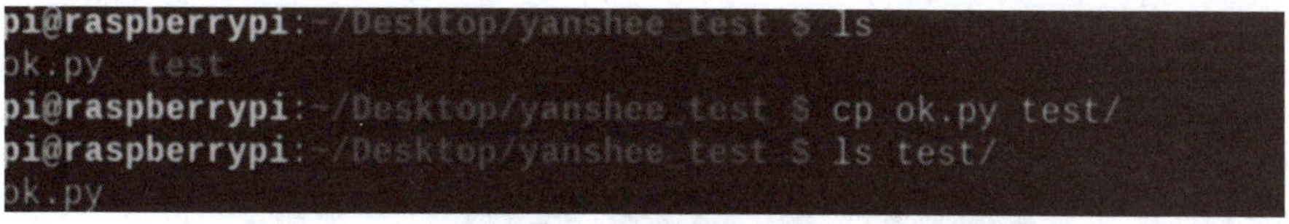

图 1-56　cp 命令（1）

图 1-57　cp 命令（2）

8）mv 命令

格式：mv［选项］源文件，目录目标文件或目录

功能：mv 命令对文件或目录重新命名，或者将文件从一个目录移到另一个目录中，如图 1-58、图 1-59 所示。

常用选项：

-f_force 强制的意思，如果目标文件已经存在，不会询问而直接覆盖。

-i 若目标文件已经存在，就会询问是否覆盖。

图 1-58　mv 命令（1）

图 1-59　mv 命令（2）

1.3.2　认识树莓派

1. 树莓派概述

Raspberry Pi（中文名为"树莓派"，简写为 RPi）是为学生学习计算机编程而设计的，只有信用卡大小的卡片式计算机，其系统基于 Linux。

树莓派由注册于英国的"Raspberry Pi 慈善基金会"开发，Eben Upton 为项目带头人，2012 年 3 月正式发售。树莓派的大小与信用卡相似，它的长度为 8.56 cm，宽度为 5.6 cm，厚度只有 2.1 cm，如图 1-60 所示。

图1-60　树莓派4B

树莓派把整个系统集成在一块电路板上，称为SoC（System on Chip）。SoC在手机等小型化设备中很常见，功耗也比较低。自问世以来，受众多计算机发烧友和创客的追捧，曾经一"派"难求。别看其外表"娇小"，内"心"却很强大，视频、音频等功能通通皆有，可谓是"麻雀虽小，五脏俱全"。树莓派基金会提供了基于ARM的Debian和Arch Linux的发行版本供大众下载，支持Python作为主要编程语言，还支持Java、BBC BASIC（通过RISC OS映像或者Linux的"Brandy Basic"克隆）、C和Perl等编程语言。

2. 树莓派发展史

树莓派早期有A和B两个型号，主要区别如下。

A型：1个USB、无有线网络接口、功率2.5 W，500 mA、256 MB RAM。

B型：2个USB、支持有线网络、功率3.5 W，700 mA、512 MB RAM。

2013年2月，深圳市韵动电子有限公司取得了树莓派在国内的销售权限，为了便于区分市场，树莓派基金会规定韵动电子在中国销售的树莓派一律采用红色的PCB，并去掉FCC及CE标识，从此，红版树莓派便来到了国内广大树莓派爱好者身边。

2014年7月和11月，树莓派分别推出B+和A+两个型号，主要区别在于：B+型有4个USB，芯片和内存与B型相同、功耗更低、接口更丰富；A+型有1个USB，支持同B+型一样的Micro SD卡读卡器和40-PIN的GPI连接端口，主板尺寸更小。

2016年2月，树莓派3B版本发布。2019年6月24日，树莓派4B版本发布。2020年5月28日，树莓派基金会宣布推出树莓派4B新SKU，即8 GB RAM版本。

为了充分利用8 GB RAM，树莓派还开发了基于Debian的64位专用操作系统。而且，8 GB版本相比于前一个版本，改进了电源。另外，在32位系统中，可用RAM为7.8 GB，在64位系统缩减到了7.6 GB。

1.3.3　认识ROS

1. ROS概述

ROS是机器人操作系统（Robot Operating System）的英文缩写。ROS是用于编写机器人软件程序的一种具有高度灵活性的软件架构。ROS的原型源自斯坦福大学的Stanford Artificial Intelligence Robot（STAIR）和Personal Robotics（PR）项目。

ROS 是一个适用于机器人编程的架构，这个架构把原本松散的零部件耦合在了一起，为其提供通信架构。ROS 虽然叫作操作系统，但并非 Windows、Mac 那样通常意义的操作系统，它只是连接操作系统和用户开发的应用程序，是一个中间件；它运行在基于操作系统的环境中。在这个环境中，机器人的感知、决策、控制算法可以更好地组织和运行。

目前 ROS 已广泛应用于 Clearpath 物流机器人、Fetch 导购机器人、Erie 无人机、DJI 大疆无人机、DataSpeed 自动驾驶汽车、Nao 舞蹈机器人、Lego 玩具机器人、iRobot 扫地机器人、Pepper 情感机器人等多种机器人上。

ROS 的发行版本指 ROS 软件包的版本，与 Linux 的发行版本（如 Ubuntu）的概念类似。推出 ROS 发行版本的目的在于使开发人员可以使用相对稳定的代码库，直到其准备好将所有内容进行版本升级为止。因此，每个发行版本推出后，ROS 开发者通常仅对这一版本的 bug 进行修复，同时提供少量针对核心软件包的改进。

ROS 的软件主要在 Ubuntu 和 Mac OS X 系统上测试，同时 ROS 社区仍持续支持 Fedora、Gentoo、Arch Linux 和其他 Linux 平台。Microsoft Windows 端口的 ROS 已经实现，但并未完全开发完成。安装机器人操作系统前需要先安装相应的 Ubuntu 桌面操作系统。之后，再使用命令安装相应的 ROS 系统，经过安装测试后就可以进行机器人各项功能的开发使用。

2. ROS 总体结构

根据 ROS 系统代码的维护者和分布，ROS 主要可分为两大部分：main 和 universe。

1）main

核心部分，主要由 Willow Garage 公司和一些开发者设计、提供以及维护。它提供了一些分布式计算的基本工具，以及整个 ROS 的核心部分的程序编写。

2）universe

全球范围的代码，由不同国家的 ROS 社区组织开发和维护。其中一种是库的代码，如 OpenCV、PCL 等；库的上一层是从功能角度提供的代码，如人脸识别，它们调用下层的库；最上层的代码是应用级的代码，让机器人完成某一确定的功能。

此外，ROS 从其代码本身来说可以分为三个级别：计算图级、文件系统级、社区级。计算图级描述程序是如何运行的；文件系统级主要解决程序文件是如何组织和构建问题的；社区级主要解决程序的分布式管理问题。

1.3.4　机器人运行软件环境

1. 连接工具 VNC

Yanshee 的运行环境是 Ubuntu 16.04 ROS Kinetic。Yanshee 内装了定制的树莓派 3B 主板，一枚博通（Broadcom）出产的 ARM 架构 4 核 1.2 GHz BCM2837 处理器，1 GB LPDDR2 内存，使用 SD 卡当作存储媒体，2 个 USB 接口以及 HDMI（支持声音输出），除此之外，还支持蓝牙 4.1 以及 Wi-Fi。使用 HDMI 线连接 PC 机后可访问机器人系统，也可以手机端通过 Yanshee APP 控制使用机器人，还可以使用 VNC Viewer 软件（见图 1-61）远程登录访问。

VNC（Virtual Network Console），即虚拟网络控制台，它是一款基于 UNIX 和 Linux 操

图 1-61　VNC Viewer 图标

作系统的优秀远程控制工具软件，由著名的 AT&T 的欧洲研究实验室开发，远程控制能力强大、高效实用，并且免费开源。

VNC 由两部分组成：一部分是客户端的应用程序（VNC Viewer）；另一部分是服务器端的应用程序（VNC Server）。任何安装了 VNC Viewer 的计算机都能十分方便地与安装了 VNC Server 的计算机相互连接。

基于树莓派的机器人已经内置好了 VNC Server，因此可以方便地通过 VNC Viewer 远程连接、控制机器人。VNC 的具体运行流程如下：

（1）客户端通过 VNC Viewer 连接至 VNC Server；

（2）VNC Server 传送一对话窗口至客户端，要求输入联机密码；

（3）客户端输入联机密码后，VNC Server 验证客户端是否具有存取权限；

（4）若客户端通过 VNC Server 的验证，客户端即要求 VNC Server 显示桌面环境；

（5）VNC Server 通过 X Protocol 要求 X Server 将画面显示控制权交由 VNC Server；

（6）之后 VNC Server 由 X Server 的桌面环境利用 VNC 通信协议送至客户端，并且允许客户端控制 VNC Server 的桌面环境及输入装置。

2. 常用应用程序

1）Jupyter Lab

使用 VNC 连接机器人 Yanshee 后，就可以通过应用程序来控制它。在这些程序中，需要重点关注 Jupyter Lab。Jupyter 源于 IPython Notebook，是使用 Python（也有 R、Julia、Node 等其他语言的内核）进行代码演示、数据分析、可视化、教学的工具。

Jupyter Lab 是 Jupyter 的一个拓展，提供了更好的用户体验。Jupyter Lab 的出现是为了取代 Jupyter Notebook。Jupyter Notebook 是基于网页的用于交互计算的应用程序。Jupyter Notebook 可以以网页的形式打开，可以在网页页面直接编写代码和运行代码，代码的运行结果也会直接显示在代码块下。Jupyter Lab 包含 Jupyter Notebook 所有功能，作为一种基于 Web 的集成开发环境，可以用来编写 Notebook、操作终端、编辑 Markdown 文本、打开交互模式、查看 CSV 文件及图片等。用户可以在 Jupyter Lab 中编写 Python 代码，控制机器人 Yanshee 实现各类功能。

2）API

API（Application Program Interface），即操作系统留给应用程序的一个调用接口，应用程序通过调用操作系统的 API 使操作系统去执行应用程序的命令。在编写 Python 代码控制机器人 Yanshee 时，用户需要借助 YanAPI 的帮助。

YanAPI 是基于 Yanshee RESTful 接口开发的、针对 Python 编程语言的 SDK（Software Development Kit）。SDK 是软件开发工具包，用于辅助开发某一类软件的相关文档、范例和工具的集合。可以这样简单区分 API 与 SDK：单个接口调用命令为 API，多个 API 的集合为 SDK。YanAPI（SDK）提供了获取机器人状态信息、设计并控制机器人表现能力等一系列 API，可以轻松定制机器人的各种功能。

Yanshee RESTful API 是使用 Swagger-codegen 基于 OpenAPI-Spec 的工程。所有的 API 由 Flask 的 Connexion 来解释。YanAPI 相较于 RESTful API 来说程序更简单。Yanshee 开发者网站提供了 YanAPI 和 RESTful API 的资源，如图 1-62 所示。

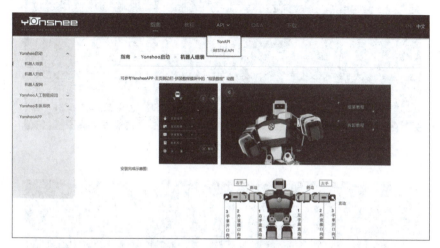

图 1-62　Yanshee 开发者网站

【项目实施】

任务准备

2.4 GHz 无线网络、智能人形机器人、无线键盘、无线鼠标、配套传感器、HDMI 线、计算机（已安装树莓派 Raspbian 系统、Linux 系统、Python 环境）、手机（已安装 Yanshee APP）。

任务实施

1. 使用 VNC Viewer 访问机器人树莓派系统

（1）手机端打开 Yanshee APP，进入"设置—机器人信息"，在最下方查看、记录机器人 IP 地址，如图 1-63~图 1-65 所示。

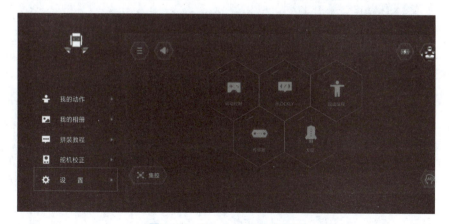

图 1-63　Yanshee APP 主界面

（2）PC 端打开 VNC Viewer 远程桌面软件，在上方输入栏输入对应的机器人 IP 地址，如图 1-66 所示。

图 1-64　"设置"界面

图 1-65　"机器人信息"界面

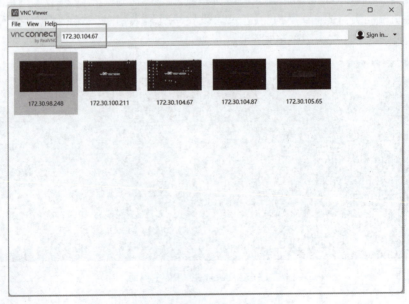

图 1-66　输入机器人 IP 地址

（3）在 VNC Viewer 登录界面中输入用户名：pi，密码：raspberry，如图 1-67 所示。单击"OK"按钮，进入机器人树莓派系统，如图 1-68 所示。

图 1-67　VNC Viewer 登录界面

图 1-68　Yanshee 机器人树莓派系统界面

2. 调用接口实现机器人语音播报功能

1）打开 Jupyter Lab

按照任务进入机器人 Yanshee 树莓派系统，找到桌面上的 Jupyter Lab 并双击打开，如图 1-69 所示，进入 Jupyter Lab 界面，如图 1-70 所示。

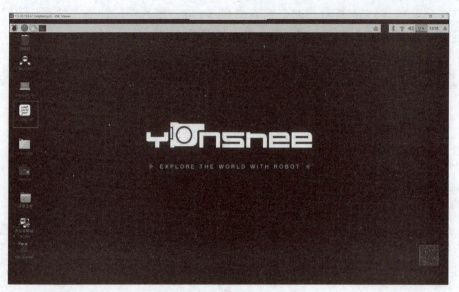

图 1-69　双击 Jupyter Lab

图 1-70　Jupyter Lab 界面

2）新建 Notebook 文件

在根目录下新建一个 Notebook，如图 1-71 所示；选择 Python 3 内核，如图 1-72 所示；新建完成后如图 1-73 所示。

3）录入程序

（1）在编辑框中编辑以下内容，如图 1-74 所示。

① 导入 YanAPI。

```
import YanAPI
```

图 1-71　新建 Notebook

图 1-72　选择 Python 3 内核

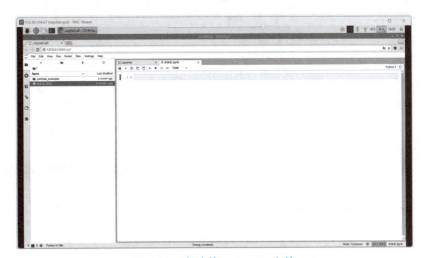

图 1-73　新建的 Notebook 文件

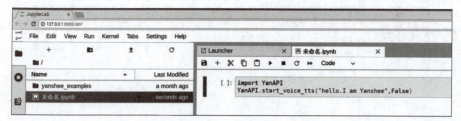

图1-74　程序内容

② 调用语音播报接口 YanAPI. start_voice_tts( )，让机器人说出"hello. I am Yanshee"。

YanAPI. start_voice_tts ("hello. I am Yanshee", False)

（2）重命名文件为 Num 1 program. ipynb，如图1-75、图1-76所示。

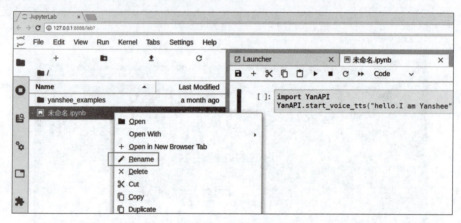

图1-75　文件重命名

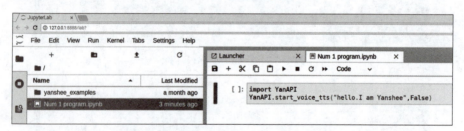

图1-76　重命名为 Num 1 program. ipynb

4）运行程序

运行程序，检查程序打印内容并观察机器人的语音播报内容，如图1-77所示。

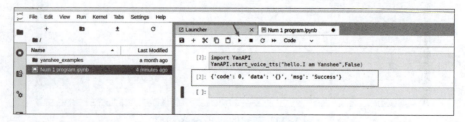

图1-77　运行程序

任务评价

完成本项目中的学习任务后，请对学习过程和结果的质量进行评价和总结，并填写评价反馈表，如表 1-6 所示。自我评价由学习者本人填写，小组评价由组长填写，教师评价由任课教师填写。

表 1-6 评价反馈表

班级		姓名		学号		日期	
自我评价	1. 能够正确使用 Linux 命令					□是	□否
	2. 能够找到机器人 IP 地址，并通过 VNC Viewer 访问机器人					□是	□否
	3. 能够在 Jupyter Lab 新建 Notebook 文件					□是	□否
	4. 能够编写代码调用语音播报接口					□是	□否
	5. 能调试程序并观察其播报内容					□是	□否
	6. 是否能按时上、下课，着装规范					□是	□否
	7. 学习效果自评等级					□优 □良 □中 □差	
	8. 在完成任务的过程中遇到了哪些问题？是如何解决的？						
	9. 总结与反思						
小组评价	1. 在小组讨论中能积极发言					□优 □良 □中 □差	
	2. 能积极配合小组完成工作任务					□优 □良 □中 □差	
	3. 在查找资料信息中的表现					□优 □良 □中 □差	
	4. 能够清晰表达自己的观点					□优 □良 □中 □差	
	5. 安全意识与规范意识					□优 □良 □中 □差	
	6. 遵守课堂纪律					□优 □良 □中 □差	
	7. 积极参与汇报展示					□优 □良 □中 □差	
教师评价	综合评价等级： 评语： 教师签名：　　　　　日期：						

动物和人类都可以通过控制肢体灵活地完成各种动作，而对肢体活动的控制都是靠关节的连接和肢体的互动完成的。如果机器人想模仿人类的活动，也需要有相应的关节，于是就有了舵机的出现，机器人的舵机就是它的关节，通过控制舵机就能让机器人完成各种动作。通过舵机的配合，机器人不仅可以实现基本肢体运动，甚至能跟着音乐跳舞。那么机器人是如何做出这些动作的呢？

本模块将从机器人运动控制基本原理及简单的动作编程向大家介绍如何控制机器人进行跨越障碍，控制机器人运动仿真。

项目 2.1　控制机器人舵机转动

【学习目标】

知识目标
➢ 熟悉伺服电动机的基本概念及工作原理；
➢ 熟悉舵机的基础概念及工作原理。

技能目标
➢ 能够查询、设置机器人舵机角度；
➢ 能够控制机器人单个舵机转动；
➢ 能够控制机器人多个舵机转动。

素质目标
➢ 通过精确设置舵机角度，培养学生精益求精的工作精神；
➢ 通过机器人多个舵机的控制，培养学生团队合作精神。

【项目任务】

本任务将基于 Yanshee 机器人，学习使用 Yanshee 机器人舵机相关的 API，通过 Python 编写控制机器人头部关节转动的程序。控制机器人单个舵机转动，即让机器人头部转到指定的 60°位置，之后再回到初始 90°的位置，实现头部舵机的一次转动。

【知识储备】

机器人电动伺服驱动系统是利用各种电动机产生的力矩和力，直接或间接地驱动机器人本体，以获得机器人的各种运动。常用的电动机有交/直流伺服电动机（高精度、高速度，位置闭环）和步进电动机（精度、速度要求不高，开环）。

机器人对关节驱动电动机的要求如下：

（1）快速性。电动机从获得指令信号到完成指令所要求的工作状态的时间应短。响应指令信号的时间越短，电动伺服驱动系统的灵敏性越高，快速响应性能越好。一般是以伺服电动机的机电时间常数的大小来说明伺服电动机快速响应的性能。

（2）启动转矩惯量比大。在驱动负载的情况下，要求机器人的伺服电动机的启动转矩大、转动惯量小。

（3）控制特性的连续性和直线性。随着控制信号的变化，电动机的转速能连续变化，有时还需转速与控制信号成正比或近似成正比。

（4）调速范围宽。能用于 1∶1 000～1∶10 000 的调速范围。

（5）体积小、质量轻、轴向尺寸短。

（6）能经受得起苛刻的运行条件，可进行十分频繁的正反向和加减速运行，并能在短时间内承受过载。

图 2-1 所示为工业机器人电动机驱动原理框图，工业机器人电动伺服驱动系统的一般结构由三个闭环控制，即电流环、速度环和位置环。

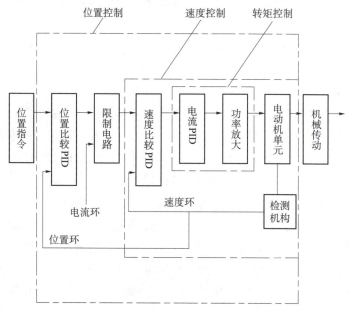

图 2-1　工业机器人电动机驱动原理框图

伺服电动机是指带有反馈的直流电动机、交流电动机、无刷电动机或者步进电动机，它们通过控制以期望的转速和相应的期望转矩达到期望转角。为此，反馈装置向伺服电动机控制器电路发送信号，提供电动机的角度和速度。如果负荷增大，则转速就会比期望转速低，电流就会增大直到转速和期望值相等。如果信号显示速度比期望值高，则电流就会相应地减小。如果还使用了位置反馈，那么位置信号用于在转子到达期望的角位置时关掉电动机。图 2-2 所示为伺服电动机驱动原理框图。

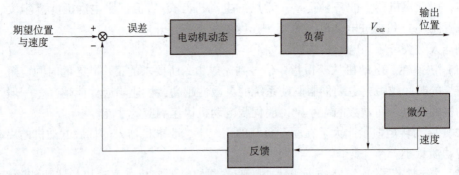

图 2-2　伺服电动机驱动原理框图

2.1.1　机器人舵机基本概念

电动机是一种通电之后持续转动的装置。它可以将电能转化成机械能，驱动其他机器运动。把控制系统集成在电动机内部，这种电动机就是伺服电动机。舵机是伺服电动机的一种，舵机最初用于航模和船模中控制舵面，和普通的伺服电动机相比，舵机的控制精度较低。不过由于成本低、体积小等优势，现在很多小型机器人都使用舵机进行控制。

1. 步进电动机

机器人驱动一般采用交流伺服电动机，对于性能指标要求不太高的场合也可以采用步进电动机。步进电动机又称为脉冲电动机或阶跃电动机，国外一般称为 Stepping Motor、Pulse Motor 或 Stepper Servo，其应用发展已有 80 多年的历史。

步进电动机是一种把电脉冲信号变成直线位移或角位移的控制电动机，其位移或线速度与脉冲频率成正比，位移量与脉冲数成正比。作为一种开环数字控制系统，在小型机器人中得到较广泛的应用。但由于其存在过载能力差、调速范围相对较小、低速运动有脉动、不平等缺点，一般只应用于小型或简易型机器人中。

步进电动机在结构上也是由定子和转子组成的，可以对旋转角度和转动速度进行高度控制。当电流流过定子绕组时，定子绕组产生一矢量磁场，该矢量磁场会带动转子旋转一个角度，使转子的一对磁场方向与定子的磁场方向一致。当定子的矢量磁场旋转一个角度时转子也随着该磁场旋转一个角度。因此，控制电动机转子旋转实际上就是以一定的规律控制定子绕组的电流来产生旋转的磁场。每来一个脉冲电压，转子就旋转一个步距角，称为步。根据电压脉冲的分配方式，步进电动机各相绕组的电流轮流切换，在供给连续脉冲时就能一步一步地连续转动，从而使电动机旋转。步进电动机每转一周的步数相同，在不丢步的情况下运行，其步距误差不会长期积累。

在非超载的情况下，电动机的转速、停止的位置只取决于脉冲信号的频率和脉冲数而不受负载变化的影响，同时步进电动机只有周期性的误差而无累积误差，精度高。步进电动机可以在宽广的频率范围内通过改变脉冲频率来实现调速、快速启停、正反转控制等，这是步进电动机最突出的优点。由于步进电动机能直接接收输入的数字量，故特别适合于计算机控制。图 2-3 所示为步进电动机实物。

1）步进电动机的分类

步进电动机的种类很多，从广义上讲，步进电动机可分为机械式、电磁式和组合式三大类。电磁式步进电动机按结构特点可分为反应式（VR）、永磁式（PM）和混合式（HB）三大类；按相数分，则可分为单相、两相和多相三种。目前使用最为广泛的为反应式和混合式步进电动机。

图2-3　步进电动机实物

（1）反应式（Variable Reluctance，VR）步进电动机。反应式步进电动机的转子是由软磁材料制成的，转子中没有绕组。它的结构简单、成本低，步距角可以做得很小，但动态性能较差。反应式步进电动机有单段式和多段式两种类型。

（2）永磁式（Permanent Magnet，PM）步进电动机。永磁式步进电动机的转子是用永磁材料制成的，转子本身就是一个磁源。转子的极数和定子的极数相同，因此一般步距角比较大。它输出转矩大、动态性能好、消耗功率小（相比反应式），但启动运行频率较低，还需要正负脉冲供电。

（3）混合式（Hybrid，HB）步进电动机。混合式步进电动机综合了反应式和永磁式两者的优点。混合式与传统的反应式相比，结构上转子加有永磁体，以提供软磁材料工作点的耗能，而定子励磁只需提供变化的磁场而不必提供软磁材料工作点的耗能，因此该电动机效率高、电流小、发热低。因永磁体的存在，该电动机具有较强的反电势，其自身阻尼作用比较好，使其在运转过程中比较平稳、噪声低、频率低、振动小。该电动机最初是作为一种低速驱动用的交流同步机设计的，后来发现如果各相绕组通以脉冲电流，该电动机也能做步进增量运动。由于能够开环运行以及控制系统比较简单，这种电动机在工业领域中得到了广泛应用。

2）步进电动机的工作原理

步进电动机的工作就是步进转动，其功用是将脉冲电信号变换为相应的角位移或直线位移，就是给一个脉冲信号，电动机转动一个角度或前进一步。步进电动机的角位移量与脉冲数成正比，它的转速与脉冲频率成正比。在非超载的情况下电动机的转速、停止的位置只取决于脉冲信号的频率和脉冲数，而不受负载变化的影响，即给电动机加一个脉冲信号，电动机就会转过一个步距角。

图2-4所示为四相步进电动机工作原理示意图。该步进电动机采用单极性直流电源供电，只要对步进电动机的各相绕组按合适的时序通电，就能使步进电动机步进转动。

开始时，开关 S_B 接通电源，S_A、S_C、S_D 断开，B 相磁极和转子0、3 号齿对齐，同时，转子的1、4 号齿就和 C、D 相绕组磁极产生错齿，2、5 号和 D、A 相绕组磁极产生错齿。

当开关 S_C 接通电源，S_B、S_A、S_D 断开时，由于 C 相绕组的磁力线和1、4 号齿之间磁力线的作用，使转子转动，1、4 号齿和 C 相绕组的磁极对齐。而0、3 号齿和 A、B 相绕组磁极产生错齿，2、5 号齿就和 A、D 相绕组磁极产生错齿。以此类推，A、B、C、D 四相绕组轮流供电，则转子会沿着 A、B、C、D 方向转动。步进电动机工作时序波形如

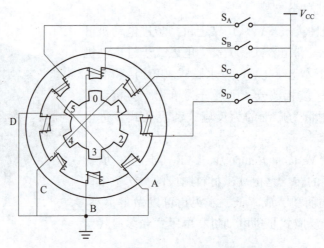

图 2-4　四相步进电动机工作原理示意图

图 2-5 所示。

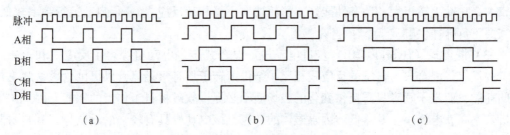

（a）　　　　　　　　（b）　　　　　　　　（c）

图 2-5　步进电动机工作时序波形

（a）单四拍；（b）双四拍；（c）八拍

3）步进电动机的特点

（1）步进电动机的角位移与输入脉冲数严格成正比。因此，当它旋转一圈后，没有累积误差，具有良好的跟随性。

（2）由步进电动机与驱动电路组成的开环数控系统既简单、廉价，又非常可靠。同时，它也可以与角度反馈环节组成高性能的闭环数控系统。

（3）步进电动机的动态响应快，易于启停、正反转及变速。

（4）速度可在相当宽的范围内平稳调整，低速下仍能获得较大转矩，因此一般可以不用减速器而直接驱动负载。

（5）步进电动机只能通过脉冲电源供电才能运行，不能直接使用交流电源和直流电源。

（6）步进电动机存在振荡和失步现象，必须对控制系统和机械负载采取相应措施。

（7）一般步进电动机的精度为步距角的 3%~5%，且不累积。

（8）若步进电动机的温度过高，则首先会使电动机的磁性材料退磁，从而导致力矩下降乃至于失步，因此电动机外表允许的最高温度应取决于不同电动机磁性材料的退磁点。一般来讲，磁性材料的退磁点都在 130 ℃以上，有的甚至高达 200 ℃以上，因此步进电动机的外表温度在 80~90 ℃完全正常。

（9）当步进电动机转动时，电动机各相绕组的电感将形成一个反向电动势；频率越高，反向电动势越大。在它的作用下，电动机随频率（或速度）的增大而相电流减小，从而使力矩下降。

（10）步进电动机有一个技术参数——空载启动频率，即步进电动机在空载情况下能够正常启动的脉冲频率，如果脉冲频率高于该值，则电动机不能正常启动，可能发生丢步或堵转。在有负载的情况下，启动频率应更低。如果要使电动机达到高速转动，则脉冲频率应该有加速过程，即启动频率较低，然后按一定加速度升到所希望的高频（电动机转速从低速升到高速）。

步进电动机以其显著的特点，在数字化制造时代发挥着重大的用途。随着不同数字化技术的发展以及步进电动机本身技术的提高，步进电动机将会在更多的领域得到应用。

4）步进电动机的驱动系统

步进电动机是一种将电脉冲信号转换成直线或角位移的执行元件，它不能直接接到交流或直流电源上工作，而必须使用专用设备——步进电动机驱动系统。步进电动机驱动系统的性能除与电动机本身的性能有关外，在很大程度上也取决于驱动器的优劣。

典型的步进电动机驱动系统由步进电动机控制器、步进电动机驱动器和步进电动机本体三部分组成。由步进电动机控制器发出步进脉冲和方向信号，每发一个脉冲，步进电动机驱动器驱动步进电动机转子旋转一个步距角，即步进一步。步进电动机转速的高低、升速或降速、启动或停止都完全取决于脉冲的有无或频率的高低。控制器的方向信号决定步进电动机的顺时针或逆时针旋转。通常，步进电动机驱动器由控制电路、功率驱动电路、保护电路和电源组成。步进电动机驱动器一旦接收到来自控制器的方向信号和步进脉冲，控制电路就按预先设定的电动机通电方式产生步进电动机各相励磁绕组导通或截止信号。控制电路输出的信号功率很低，不能提供步进电动机所需的输出功率，必须进行功率放大，这就是步进电动机驱动器的功率驱动部分。功率驱动电路向步进电动机控制绕组输入电流，使其励磁形成空间旋转磁场，驱动转子运动。保护电路在出现短路、过载、过热等故障时迅速停止驱动器和电动机的运行。

步进电动机驱动器主要包括控制器、环形分配器和逆变电路等几大部分，其原理框图如图2-6所示。

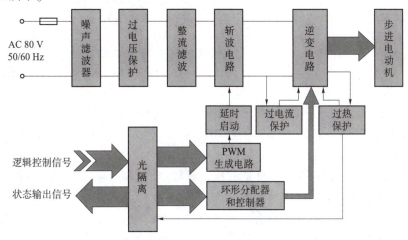

图2-6 步进电动机驱动器原理框图

图 2-7 所示为一种三级结构多 CPU 并行工作方式的电气控制系统，图中第一级计算机选用工业级嵌入式 PC，主要完成机器人路径规划、正向运动学和逆向运动学的计算，然后把计算结果通过 RS-232C 串行接口送给下一级计算机。第二级计算机一方面接收 PC 下发的命令信息（如示教方式、自动方式、状态查询等）或各关节旋转角度数据后，立即转发给下一级计算机执行；另一方面，它还具有独立的下位机手动示教键盘接口功能。第三级计算机通过内部并行数据总线和握手信号按约定的逻辑关系进行数据通信，它主要接收上一级计算机发来的命令和数据，然后控制对应关节电动机旋转相应的角度，驱动机器人肢体到达所要求的位置。

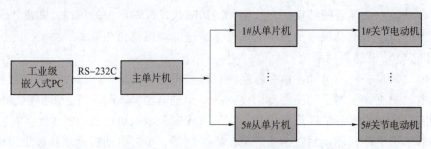

图 2-7　三级结构多 CPU 并行工作方式的电气控制系统

步进电动机一定要使用驱动器，驱动器就是按需要的次序依次给电动机通电的环形分配器。对于小功率的电动机，有专用的集成电路，也可由分立元器件搭配而成；对于大功率的电动机，可再加大功率的输出元器件。应根据电动机的类型选择驱动器。图 2-8 所示为 ULN2003 驱动的四相步进电动机。

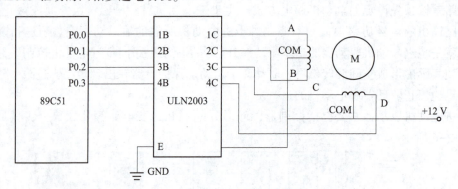

图 2-8　ULN2003 驱动的四相步进电动机

5）步进电动机的主要技术指标

（1）步距角。每给一个电脉冲信号，电动机转子所应转过的角度的理论值。目前国产步进电动机常用的步距角包括 0.36°、0.6°、0.72°、0.75°、0.9°、1.2°、1.5°、1.8°、2.25°、3.6° 和 4.5° 等。

（2）齿距角。相邻两齿中心线间的夹角，通常定子和转子具有相同的齿距角。

（3）失调角。转子偏离零位的角度。

（4）精度。步进电动机的精度有两种表示方法：一种用步距误差最大值来表示，另一种用步距累积误差最大值来表示。最大步距误差是指电动机旋转一周内相邻两步之间的最大步距角和理想步距角的差值，用理想步距的百分数表示。最大步距累积误差是指任意位置开始经过任意步之后，角位移误差的最大值。

（5）转矩。步进电动机的转矩是一个重要的指标，包括定位转矩、静转矩和动转矩。定位转矩是指在绕组不通电时电磁转矩的最大值。通常反应式步进电动机的定位转矩为零，混合式步进电动机有一定的定位转矩。静转矩是指不改变控制绕组通电状态，即转子不转情况下的电磁转矩，它是绕组内的电流及失调角的函数。当绕组内电流的值不变时，静转矩与失调角的关系称为矩角特性。对应于某一失调角时，静转矩的值最大，称为最大静转矩。动转矩是指转子转动情况下的最大输出转矩值，它与运行频率有关。在一定频率下，最大静转矩越大，动转矩也越大。

（6）响应频率。在某一频率范围内，步进电动机可以任意运行而不会丢失一步，则这一范围的最大频率称为响应频率。通常用启动频率作为衡量的指标，它是指在一定负载下直接启动而不失步的极限频率，称为极限启动频率。

（7）运行频率：指拖动一定负载使频率连续上升时，步进电动机能不失步运行的极限频率。

6）注意事项

选用步进电动机驱动器应注意以下几点：

（1）电源电压要合适（过电压可能造成驱动模块的损坏），直流输入的正负极性不得接错，驱动控制器的电流设定值应该合适（开始时不要太大）。

（2）控制信号线应接牢靠，工业环境下应考虑屏蔽问题（如采用双绞线）。

（3）不要一开始就把所有线全接上，可先进行最基本系统的连接，确认运行良好后再完成全部连接。必须事先确认好接地端和浮空端。刚开始运行时，仔细观察电动机的声音和温升情况，发现异常应立即停机调整。

一般步进电动机驱动器识别的最低脉冲脉宽应不少于 2 μs，2 细分下的最高接收频率为 40 kHz 左右。

步进电动机驱动器的一般故障现象包括不工作、丢步（也许电动机力不够）、时走时停、大小步、振动大、抖动明显、乱转以及缺相等。

2. 伺服电动机

伺服电动机是指在伺服系统中控制机械元件运转的电动机，是一种位置电动机，常在非标设备中用来控制运动件的精确位置。

伺服电动机可使控制速度、位置精度非常准确，可以将电压信号转化为转矩和转速以驱动控制对象。伺服电动机的转子转速受输入信号控制，并能快速反应，在自动控制系统中用作执行元件，且具有机电时间常数小、线性度高、始动电压小等特性，可把所收到的电信号转换成电动机轴上的角位移或角速度输出。

伺服电动机也称为执行电动机，其最大特点是：有控制电压时转子立即旋转，无控制电压时转子立即停转。转轴的转向和转速是由控制电压的方向和大小决定的。

1）伺服电动机的分类

伺服电动机一般可分为直流伺服电动机和交流伺服电动机。一般自动控制应用场合应尽可能选用交流伺服电动机。调速和控制精度很高的场合一般选用直流伺服电动机。

直流伺服电动机又分为有刷电动机和无刷电动机。有刷电动机成本低、结构简单、启动转矩大、调速范围宽、控制容易、需要维护，但维护不方便（换碳刷），易产生电磁干扰，对环境有要求。因此，它可以用于对成本敏感的普通工业和民用场合。无刷电动机体积小、质量轻、输出力矩大、响应快、速度高、惯量小、转动平滑、力矩稳定；控制复杂，容易实现智能化，其电子换相方式灵活，可以方波换相或正弦波换相。电动机免维护、效率很高、运行温度低、电磁辐射很小、寿命长，可用于各种环境。

交流伺服电动机也是无刷电动机，分为同步电动机和异步电动机，目前运动控制中一般都用同步电动机，它的功率范围大，可以做到很大的功率；它的惯量大，最高转动速度低，且随着功率增大而快速降低，因而适合用于低速平稳运行的场合。

交流伺服电动机和无刷直流伺服电动机在功能上的区别：交流伺服电动机要好一些，因为是正弦波控制，转矩脉动小；直流伺服电动机是梯形波控制，其比较简单、便宜。

2）伺服电动机的内部结构及控制原理

伺服系统是使物体的位置、方位和状态等输出被控量能够跟随输入目标（或给定值）任意变化的自动控制系统。伺服主要靠脉冲来定位，基本上可以理解为伺服电动机接收到 1 个脉冲，就会旋转 1 个脉冲对应的角度，从而实现位移。因为伺服电动机本身具备发出脉冲的功能，所以伺服电动机每旋转一个角度，都会发出对应数量的脉冲，与伺服电动机接收的脉冲形成了呼应或者叫闭环，如此一来，系统就知道发出了多少个脉冲给伺服电动机，同时又接收了多少个脉冲回来，从而能够很精确地控制电动机的转动，实现精确的定位，定位精度可以达到 0.001 mm。

编码器是将信号或数据进行编制、转换为可用于通信、传输和存储的信号形式的设备。编码器可以把角位移或直线位移转换成电信号。按照工作原理，编码器可分为增量式编码器和绝对式编码器。增量式编码器是将位移转换成周期性的电信号，再把这个电信号转变成计数脉冲，用脉冲的个数表示位移的大小。绝对式编码器的每一个位置对应一个确定的数字码，其示值只与测量的起始和终止位置有关，而与测量的中间过程无关。

3）伺服电动机的特点

伺服电动机和其他电动机（如步进电动机）相比具有以下特点：

（1）实现了位置、速度和力矩的闭环控制，克服了步进电动机失步的问题。

（2）高速性能好，一般额定转速能达到 2 000~3 000 r/min。

（3）抗过载能力强，能承受 3 倍于额定转矩的负载，对有瞬间负载波动和要求快速启动的场合特别适用。

（4）低速运行平稳，低速运行时不会产生类似于步进电动机的步进运行现象，适用于有高速响应要求的场合。

（5）电动机加减速的动态响应时间短，一般在几十毫秒之内。

（6）发热和噪声明显降低。

（7）伺服电动机在运行中，瞬时过载能力强，基本可以达到 3 倍左右的过载。

（8）伺服电动机转速在 0~3 000 r/min 时转矩平稳，不会因速度的变化而出现转矩的过大变化。

普通电动机在断电后还会因为自身的惯性再转一会儿，然后停下。而伺服电动机和步进电动机"说停就停，说走就走"，反应极快，但步进电动机存在失步现象。

4）伺服电动机的选型步骤

（1）确定结构部分。常见的结构有滚珠丝杠机构、带传动机构和齿轮齿条机构等。在确定机械结构形式的过程中，还需要确定机构中滚珠丝杠的长度、导程以及带轮直径等，以备计算过程中使用。

（2）确定运转模式。伺服电动机运转模式分析如图2-9所示。应合理确定加减速时间、匀速时间、停止时间、循环时间和移动距离等。

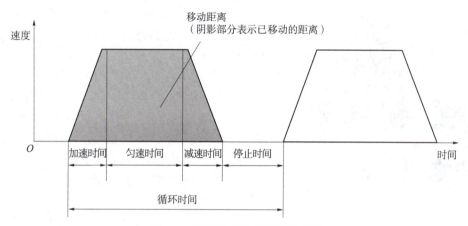

图2-9 伺服电动机运转模式分析

（3）运转模式对电动机容量的选择有很大的影响。除特殊情况外，应尽可能增大加减速时间、停止时间，即可选用小容量的电动机。

（4）计算负载惯量和惯量比。结合各结构部分计算负载惯量。负载惯量相当于保持某种状态所需的力。惯量比是负载惯量除以电动机转子惯量的数值。一般来说，750 W以下的电动机为20倍以下，1 000 W以上的电动机为10倍以下。若要求快速响应，则需更小的惯量比；反之，如果加速时间允许数秒钟，可采用更大的惯量比。

（5）计算转速。根据移动距离、加减速时间和匀速时间来计算电动机转速。运转时电动机的最高转速一般以额定转速以下为目标。需使用至电动机的最高转速时，应注意转矩和温度的上升。

（6）计算转矩。根据负载惯量和加减速时间、匀速时间来计算所需的电动机转矩。峰值转矩为运转过程中（主要是加减速时）电动机所需的最大转矩。一般以电动机最大转矩的80%以下为目标。转矩为负值时，可能需要再生电阻。

（7）选择电动机。选择能满足以上条件的电动机。

3. 舵机

舵机是遥控模型控制动作的动力来源，不同类型的遥控模型所需的舵机种类也不同，因此舵机的选择对于机器人的设计也是很重要的。根据控制方式，舵机应该称为微型伺服电动机。由于早期在模型上使用最多，主要用于控制模型舵面，因此俗称舵机。舵机接收一个简单的控制指令就可以自动转动到一个比较精确的角度，因此非常适合在关节型机器人产品中使用。

1）常用的舵机和分类

为了适应不同的工作环境，有防水及防尘设计的舵机。因不同的负载需求，舵机的齿轮有塑料及金属之分，塑料齿轮的舵机通常的扭力参数都比较小，但是，塑料齿轮可以产生很少的无线电干扰。金属齿轮的舵机一般皆为大扭力及高速型，具有齿轮不会因负载过大而崩齿的优点。较高级的舵机会装配滚珠轴承，转动时更轻快且精准。滚珠轴承有一个和两个的区别，一般两个的比较好。

驱动舵机的电动机通常有两种，即多极和无芯。多极电动机的结构与传统电动机类似，所不同的是它有 3~5 个转子磁极（功效等于小型电磁铁）。5 个极的电动机会比 3 个极的更精确。不过无论多少个极，它们都有一个无芯电动机不具备的特性：当电动机转子的其中 2 个极都处在同一个永磁铁的范围内时，扭力会比较小，因为 2 个极"分享"了磁场。无芯电动机并不使用如此原理的转子，其在一个轻量的电线"篮子"内装有永磁铁，作为转子。这样的设计会比铁芯的转子转动得快很多，特别是在改变运动方向的时候。而且这种电动机比多极电动机效率高得多，但是会产生更多的热量，且对振动更敏感。舵机外形如图 2-10 所示。

图 2-10　舵机外形

目前新推出的 FET 舵机主要采用场效应晶体管（Field Effect Transistor，FET）。FET 具有内阻小的优点，因此电流损耗比一般晶体管少。常见的舵机厂家有日本的 Futaba、JR 和 SANWA 等，国产的有北京的新幻想、吉林的振华等。

2）舵机的内部结构

舵机简单地说就是集成了直流电动机、电动机控制器和减速器等，并封装在一个便于安装的外壳里的伺服单元，能够利用简单的输入信号比较精确地转动给定角度的电动机系统。

舵机安装了一个电位器（或其他角度传感器）检测输出轴转动角度，控制板根据电位器的信息能比较精确地控制和保持输出轴的角度。这样的直流电动机控制方式称为闭环控制，因此舵机更准确地说是伺服电动机。

舵机的主体结构如图 2-11 所示，主要包括外壳、齿轮组、电动机、电位器和控制电路等。它的工作原理是：控制电路接收信号源的控制信号，并驱动电动机转动；齿轮组将电动机的速度成大倍数缩小，并将电动机的输出转矩放大响应倍数，然后输出；电位器和齿轮组的末级一起转动，测量舵机轴转动角度；电路板检测并根据电位器判断舵机转动角度，然后控制舵机转动到目标角度或保持在目标角度。

舵机的外壳一般是塑料的，特殊的舵机可能会有金属铝合金外壳。金属外壳能够提供更好的散热，可以让舵机内的电动机运行在更高功率下，以提供更高的输出转矩。金属外壳也可以提供更牢固的固定位置。

齿轮组有塑料齿轮、混合齿轮和金属齿轮的差别。塑料齿轮成本低、噪声小，但强度较低；金属齿轮强度高，但成本高，在装配精度一般的情况下会有很大的噪声。小转矩舵

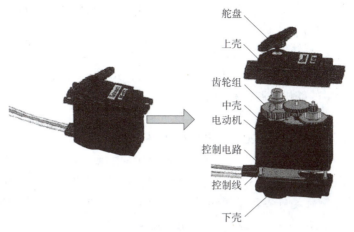

舵盘
上壳
齿轮组
中壳
电动机
控制电路
控制线
下壳

图 2-11 舵机的主体结构

机、微舵、转矩大但功率密度小的舵机一般都用塑料齿轮，如 Futaba 3003、辉盛的 9 g 微舵。金属齿轮一般用于功率密度较高的舵机上，如辉盛的 995 舵机，在和 Futaba 3003 一样体积的情况下却能提供 130 N·m 的转矩。Hitec 甚至用钛合金作为齿轮材料，其高强度能保证与 Futaba 3003 相同体积的舵机可提供大于 200 N·m 的转矩。混合齿轮在金属齿轮和塑料齿轮间做了折中。当电动机输出齿轮上转矩不大时，一般用塑料齿轮。

3）舵机驱动系统

图 2-12 所示为舵机驱动系统示意图。舵机是一种位置（角度）伺服驱动器，适用于那些需要角度不断变化并可以保持的控制系统。目前在高档遥控玩具，如航模和遥控机器人中已经使用得比较普遍。控制电路板接收来自信号线的控制信号，控制电动机转动，电动机带动一系列齿轮组，减速后传动至输出舵盘。舵机的输出轴和位置反馈电位计是相连的，舵盘转动的同时，带动位置反馈电位计，电位计将输出一个电压信号到控制电路板进行反馈，然后控制电路板根据所在位置决定电动机转动的方向和速度，直至达到目标停止。

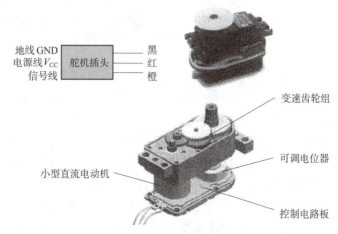

地线 GND
电源线 V_{CC}
信号线
舵机插头
黑
红
橙
变速齿轮组
可调电位器
小型直流电动机
控制电路板

图 2-12 舵机驱动系统示意图

　　舵机的输入线共有三条，中间红色的是电源线，一边黑色的是地线，这两根线给舵机提供最基本的能源保证，主要是电动机的转动消耗。电源有两种规格：4.8 V和6.0 V，分别对应不同的转矩标准，即输出力矩不同，6.0 V对应的要大一些，具体看应用条件；另外一根线是控制信号线，Futaba的一般为白色，JR的一般为橙色。需要注意的是，SANWA的某些型号的舵机电源线在边上而不是中间，如图2-13所示，需要辨认。但一般而言，红色为电源线，黑色为地线。

　　舵机的控制信号为周期是20 ms的脉宽调制（Pulse Width Modulation，PWM）信号，其中脉冲宽度为0.5~2.5 ms，对应舵盘的位置为0°~180°，呈线性变化。舵机输出角与输入脉冲的关系如图2-14所示。也就是说，给它提供一定的脉宽，其输出轴就会保持在一个相对应的角度上，无论外界转矩怎样改变，直到给它提供一个另外宽度的脉冲信号，它才会改变输出角度到新的对应位置上。舵机内部有一个基准电路，可产生周期为20 ms、宽度为1.5 ms的基准信号，其内的比较器将外加信号与基准信号相比较，判断出方向和大小，从而产生电动机的转动信号。由此可见，舵机是一种位置伺服驱动器，转动范围不能超过180°，适用于那些需要角度不断变化并可以保持的控制系统，如机器人的关节、飞机的舵面等。

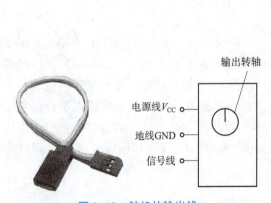

图2-13　舵机的输出线

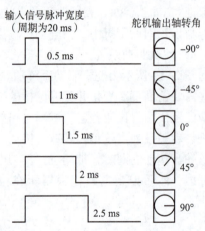

图2-14　舵机输出角与输入脉冲的关系

　　4）舵机的选型

　　市场上的舵机有塑料齿、金属齿、小尺寸、标准尺寸、大尺寸等，另外还有薄的标准尺寸舵机，以及低重心的型号。小舵机一般称为微型舵机，扭力都比较小，市面上2.5 g、3.7 g、4.4 g、7 g、9 g等舵机指的是舵机的质量分别为2.5 g、3.7 g、4.4 g、7 g、9 g，其体积和扭力也逐渐增大。微型舵机内部多数都是塑料齿，9 g舵机有金属齿的，扭力也比塑料齿的要大些。Futaba S3003、辉盛MG995是标准舵机，体积差不多，但前者是塑料齿，后者是金属齿，两者的标称扭力也差很多。春天sr403p、Dynamixel AX-12+是机器人专用舵机，不同的是前者是国产的，后者是韩国产的，两者都是金属齿，标称扭力在13 kg/cm以上，但前者只是经过修改的模拟舵机，后者则是不仅具有RS-485串口通信和位置反馈，还具有速度反馈与温度反馈功能的数字舵机，两者在性能和价格上相差很大。除了体积，还要考虑外形和扭力的不同选择，以及舵机的反应速度，一般舵机的标称反应速度为 0.22 s/60°、0.18 s/60°，好些的舵机为 0.12 s/60°，数值越小，反应越快。厂商提供的舵机规格资料都会包含外形尺寸（mm）、扭力（kg/cm）、反应速度（s/60°）、测试电压（V）及质量（g）等。扭力的单位是 kg/cm，是指在摆臂长度 1 cm 处，能吊起多少千克重的物体。这就是力臂的含义，因此摆臂长度越长，则扭力越小。反应速度的单位是 s/60°，是指舵机转动 60° 所需要的时间。测试电压会直接影响舵机的性能，如 Futaba S9001 在 4.8 V 时扭力为 3.9 kg/cm、反应速度为 0.22 s/60°，在 6.0 V 时扭力为 5.2 kg/cm、反应速度为 0.18 s/60°。若无特别注明，JR 的舵机都是以 4.8 V 作为测试电压，Futaba 则是以 6.0 V 作为测试电压。反应速度快、扭力大的舵机，除了价格高，还具有高耗电的特点。因此使用高级舵机时，需搭配高品质、高容量的电池，以提供稳定且充裕的测试电压。

5）使用舵机时的注意事项

（1）常用舵机的额定工作电压为 6 V，可以使用 LM1117 等芯片提供 6 V 的电压，为了简化硬件上的设计，可直接使用 5 V 的电压供电，但最好和单片机分开供电，否则会造成单片机无法正常工作。

（2）一般来说，可以将信号线连接至单片机的任意引脚，对于 51 单片机需通过定时器模块输出 PWM 信号才能进行控制。但是如果连接像飞思卡尔之类的芯片，由于其内部带有 PWM 模块，可以直接输出 PWM 信号，此时应将信号线连在专用的 PWM 输出引脚上。

2.1.2　机器人舵机工作原理

舵机一般由直流电动机、减速齿轮组、电位器（角度传感器）和控制电路等组成，是一套自动（闭环）控制装置。

按照舵机转动角度的不同，舵机可以分为 180° 舵机和 360° 舵机两种。180° 舵机里面有限位结构，只能在 0°～180° 转动，360° 舵机则可以像普通电动机一样连续转动。智能人形服务机器人 Yanshee 的舵机是 180° 舵机，每个关节有最大 180° 的运动范围。当给舵机发出指令时，舵机会转到 0°～180° 中指定的角度。

智能人形服务机器人 Yanshee 有 17 个舵机，舵机位置及分布如图 2-15 所示。

舵机可以通过控制电流的通断、强度和方向来控制电动机转动力矩的大小和方向，通过传感器读取电动机的工作状态，并且用电路不断改变电动机的电流值，让电动机按照需要的方式运动。

图 2-15　舵机位置及分布

舵机的工作流程如图 2-16 所示。控制电路接收来自信号线的控制信号，驱动电动机运转；电动机带动一系列齿轮组，减速后将动力传送至舵机舵盘；与舵机输出轴相连接的比例电位器在舵盘转动的同时，将输出一个电压信号反馈到控制电路，控制电路根据当前所在位置决定电动机转动的方向和速度。

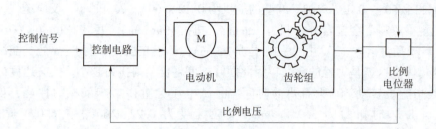

图 2-16　舵机的工作流程

2.1.3　设置机器人舵机角度

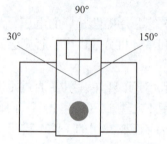

图 2-17　Yanshee 头部
舵机的运动角度

我们通过调用相应的函数接口，将机器人需要转动的角度值和运行时间以数据包的形式传入机器人内部运动节点上控制机器人头部舵机转动。Yanshee 头部舵机的运动角度如图 2-17 所示。

YanAPI 中用于设置和查询舵机角度的接口函数主要有 set_servos_angles 和 get_servos_angles 两种。

1. 设置舵机角度 set_servos_angles

函数功能：设置舵机角度值，一次可以设置一个或者多个舵机角度值。

语法格式：

```
set_servos_angles(angles：Dict[str, int], runtime：int＝200)
```

参数说明：

（1）angles（map）—{servoName：angle}；

（2）servoName（str）—机器人舵机名称；

（3）angle（int）—舵机角度值；

（4）runtime（int）—运行时间，单位：毫秒（ms），取值范围：200~4 000。

返回类型：dict。

设置舵机角度的基础程序如图 2-18 所示。

```
1  #!/usr/bin/env
2  #coding=utf-8
3
4  import YanAPI as api
5
6  api.set_servos_angles({'NeckLR':60},200)
```

图 2-18　设置舵机角度的基础程序

2. 查询舵机角度 get_servos_angles

函数功能：查询舵机的角度值，一次可以查询一个或者多个舵机角度值。

语法格式：

```
get_servos_angles(names：List[str])
```

参数说明：names List［str］—机器人舵机名称列表。

返回类型：dict。

查询舵机角度的基础程序如图 2-19 所示。

```
1    #!/usr/bin/env
2    # coding=utf-8
3
4    import YanAPI as api
5
6    list = ['RightShoulderRoll','RightShoulderFlex',
7            'RightElbowFlex','LeftShoulderRoll',
8            'LeftShoulderFlex','LeftElbowFlex',
9            'RightHipLR','RightHipFB',
10           'RightKneeFlex','RightAnkleFB',
11           'RightAnkleUD','LeftHipLR',
12           'LeftHipFB','LeftKneeFlex',
13           'LeftAnkleFB','LeftAnkleUD','NeckLR']
14   for l in list:
15       value = api.get_servos_angles(l)['data']
16       print(value)
```

图 2-19　查询舵机角度的基础程序

查询舵机角度的结果如图 2-20 所示。

图 2-20　查询舵机角度的结果

【项目实施】

任务准备

1. 准备设施/设备

2.4 GHz 无线网络、智能人形机器人、无线键盘、无线鼠标、配套传感器、HDMI 线、计算机（已安装树莓派 Raspbian 系统、Linux 系统、Python 环境）、手机（已安装 Yanshee APP）。

2. 检查设施/设备

检查 Yanshee 机器人开关机是否正常；

检查 Yanshee 机器人联网是否正常；

检查 Yanshee 机器人各舵机是否正常。

任务实施

1. 编写程序

通过 YanAPI 调用程序，让机器人执行头部舵机的转动动作并读取头部舵机转动后的角度数据。任务程序如图 2-21 所示。

```
1   #!/usr/bin/env
2   # coding=utf-8
3
4   import YanAPI as api
5   import time
6
7   print(api.get_servo_angle_value('NeckLR'))
8   api.set_servos_angles({'NeckLR':60},200)
9   time.sleep(1)
10  print(api.get_servo_angle_value('NeckLR'))
11  api.set_servos_angles({'NeckLR':90},200)
```

图 2-21　任务程序

任务执行结果如图 2-22 所示。

图 2-22　任务执行结果

2. 执行程序

执行调用的程序，让机器人头部转到指定的 60° 位置，之后再回到初始 90° 的位置，具体实现结果如图 2-23 所示。

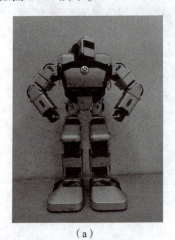　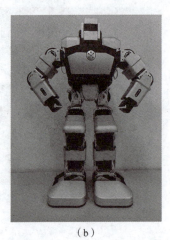

　　　　（a）　　　　　　　　　　　　　　（b）

图 2-23　任务实现结果

（a）60°位置；（b）90°位置

任务评价

完成本项目中的学习任务后，请对学习过程和结果的质量进行评价和总结，并填写评价反馈表，如表 2-1 所示。自我评价由学习者本人填写，小组评价由组长填写，教师评价由任课教师填写。

表 2-1　评价反馈表

班级		姓名		学号		日期	
自我评价	1. 能说出伺服电动机及舵机的基础概念与工作原理					□是	□否
	2. 能够说出机器人控制舵机运动的基本原理					□是	□否
	3. 能够调用 YanAPI 实现程序控制单个舵机转动					□是	□否
	4. 是否能按时上、下课，着装规范					□是	□否

续表

自我评价	5. 学习效果自评等级	□优	□良	□中	□差
	6. 在完成任务的过程中遇到了哪些问题？是如何解决的？				
	7. 总结与反思				
小组评价	1. 在小组讨论中能积极发言	□优	□良	□中	□差
	2. 能积极配合小组完成工作任务	□优	□良	□中	□差
	3. 在查找资料信息中的表现	□优	□良	□中	□差
	4. 能够清晰表达自己的观点	□优	□良	□中	□差
	5. 安全意识与规范意识	□优	□良	□中	□差
	6. 遵守课堂纪律	□优	□良	□中	□差
	7. 积极参与汇报展示	□优	□良	□中	□差
教师评价	综合评价等级： 评语：				
		教师签名：		日期：	

【任务扩展】

控制机器人多个舵机转动，即实现以下现象：机器人左手转到 45°位置，右手转到 60°位置，实现手部舵机的转动控制。具体操作步骤如下：

1. 调用手部舵机转动程序

编写机器人左手转到 45°位置、右手转到 60°位置的程序，如图 2-24 所示，执行双手肩部舵机的转动动作并读取肩部舵机转动后的角度数据。程序执行结果如图 2-25 所示。

```
1  #!/usr/bin/env
2  # coding=utf-8
3
4  import YanAPI as api
5  import time
6
7  api.set_servos_angles({'LeftShoulderRoll':45,'RightShoulderRoll':60},200)
8  time.sleep(1)
9  print('value:',api.get_servos_angles(['LeftShoulderRoll','RightShoulderRoll'])['data'])
```

图 2-24　调用手部舵机转动程序

```
pi@raspberrypi:~/Desktop $ python3 head.py
value: {'LeftShoulderRoll': 45, 'RightShoulderRoll': 60}
```

图 2-25　程序执行结果

2. 执行任务程序

　　调试任务程序，使智能人形服务机器人 Yanshee 实现左手转到 45°位置，右手转到 60°位置的任务，程序执行后机器人的状态如图 2-26 所示。

图 2-26　程序执行后机器人的状态

项目 2.2　　控制机器人连续动作

　　上一项目我们学习了机器人的舵机是如何动起来的。对于机器人来说，舵机相当于它的"关节"。仅仅能够转动关节，还不能随心所欲地运动。一个复杂一点的动作，需要多个关节相互协调、共同完成。人类完成这一切，依靠的是中枢的脑和遍布全身的神经。机器人也有类似的"神经系统"。对于 Yanshee 机器人来说，它的"神经系统"是单片机、串行总线和数字机的处理器，这些系统共同作用，才能让 Yanshee 机器人做出各种动作。

【学习目标】

知识目标

➢ 熟悉机器人控制器；

➢ 熟悉舵机回读的基本原理以及舵机的特性；

➢ 掌握舵机回读编程。

技能目标

➢ 能够通过舵机回读功能执行连续动作；

➢ 能够通过 Python 编写程序调用动作文件。

素质目标

➢ 介绍国产的机器人控制器，培养学生对民族品牌的自信；

➢ 通过设置不同的舵机回读任务，培养学生积极探索的科学精神。

 【项目任务】

本任务将基于 Yanshee 机器人，学习使用 APP 端舵机回读编程的功能，操作 Yanshee 机器人，录制和编辑一组动作，在机器人上执行，并完成机器人各种动作编排的练习。最后学会如何通过 Python 来调用动作文件完成更加强大的机器人动作编程实践。

【知识储备】

2.2.1　机器人控制器

1. 单片机控制器

单片机是一种集成电路芯片，是采用超大规模集成电路技术把具有数据处理能力的中央处理器（CPU）、随机存储器（RAM）、只读存储器（ROM）、多种 I/O 接口和中断系统定时器/计数器等（可能还包括显示驱动电路、脉宽调制电路、模拟多路转换器、A/D 转换器等）集成到一块硅片上而构成的一个小巧且完善的微型计算机系统，在控制领域应用十分广泛。

1）单片机控制原理

单片机自动完成赋予其任务的过程，就是单片机执行程序的过程，即执行一条条指令的过程。所谓指令，就是把要求单片机执行的各种操作用命令的形式写下来，这是在设计人员赋予它的指令系统时所决定的。一条指令对应一种基本操作。单片机所能执行的全部指令就是该单片机的指令系统。不同种类的单片机，其指令系统也不同。为了使单片机能够自动完成某一特定任务，必须把要解决的问题编成一系列指令（这些指令必须是单片机能识别和执行的指令），这一系列指令的集合称为程序。程序需要预先存放在具有存储功能的存储器中。存储器由许多存储单元（最小的存储单位）组成，就像摩天大楼是由许多房间组成的一样，指令就存放在这些单元里。众所周知，摩天大楼的每个房间都被分配了唯一的房号，同样，每一个存储单元也必须被分配唯一的地址号，该地址号称为存储单元的地址。只要知道了存储单元的地址，就可以找到这个存储单元，其中存储的指令就可以被十分方便地取出，然后再被执行。

程序通常是按顺序执行的，所以程序中的指令也是一条条地按顺序存放的。单片机在执行程序时要想把这些指令一条条地取出并加以执行，必须有一个部件能追踪指令所在的地址，这一部件就是程序计数器（包含在 CPU 中）。在开始执行程序时，给程序计数器赋予程序中第一条指令所在的地址，然后取出每一条要执行的命令，程序计数器中的内容就会自动增加，增加量由本条指令的长度决定，可能是 1、2 或 3，以指向下一条指令的起始地址，保证指令能够按顺序执行。

只有当程序遇到转移指令、子程序调用指令或中断时，程序计数器才转到需要的地方去。从 ROM 相应单元中取出指令字节放在指令寄存器中寄存，然后，指令寄存器中的指令代码被译码器译成各种形式的控制信号，这些信号与单片机时钟振荡器产生的时钟脉冲在定时与控制电路中相结合，形成按一定时间节拍变化的电平和时钟，即所谓的控制信息，在 CPU 内部协调寄存器之间的数据传输、运算等操作。

2）单片机系统与计算机的区别

将微处理器（CPU）、存储器、I/O 接口电路和相应的实时控制器件集成在一块芯片上形成单片微型计算机，简称单片机。单片机在一块芯片上集成了 ROM、RAM 和 Flash 存储器，外部只需要加电源、复位电路和时钟电路，就可以成为一个简单的系统。其与计算机的主要区别如下：

（1）个人计算机（PC）的 CPU 主要面向数据处理，其发展途径主要围绕数据处理功能、计算速度和精度的进一步提高。单片机主要面向控制，控制中的数据类型及数据处理相对简单，因此，单片机的数据处理功能与通用计算机相比要弱一些，计算速度较慢，计算精度也相对较低。

（2）PC 中存储器的组织结构主要针对增大存储容量和 CPU 对数据的存取速度。单片机中存储器的组织结构比较简单，存储器芯片直接挂接在单片机的总线上，CPU 对存储器的读写按直接物理地址来寻址存储器单元，存储器的寻址空间一般为 64 KB。

（3）通用计算机中 I/O 接口主要考虑标准外设，如阴极射线管（CRT）、标准键盘、鼠标、打印机、硬盘和光盘等。单片机的 I/O 接口实际上是向用户提供的、与外设连接的物理界面，用户对外设的连接要设计具体的接口电路，需要具有熟练的接口电路设计技术。简单地说，单片机就是一个集成芯片，外加辅助电路后可构成一个系统。由微型计算机配以相应的外围设备（如打印机）及其他专用电路、电源、面板、机架以及足够的软件就可构成计算机系统。

3）单片机的驱动

外设单片机内部一般包括串行接口控制模块、串行外设接口（SPI）模块、集成电路（IC）模块、数/模（A/D）模块、脉冲宽度调制（PWM）模块、控制局域网（CAN）模块、带电可擦可编程只读存储器（EEPROM）和比较器模块等，它们都集成在单片机内部，有相对应的内部控制寄存器，可通过单片机指令直接控制。有了上述功能控制器，就可以不依赖于复杂编程和外围电路而实现某些功能。

例如，使用数字 I/O 端口可以进行跑马灯实验，通过将单片机的 I/O 引脚位进行置位或清零，可用来点亮或关闭发光二极管（LED）。串行接口的使用是非常重要的，通过这个接口，可以使单片机与 PC 之间交换信息，同时有助于掌握目前最为常用的通信协议，也可以通过 PC 的串行接口调试软件来监视单片机实验板的数据。利用 IIC、SPI 通信接口扩展外设是最常用的方法之一，也是非常重要的一种方法。这两个通信接口都是串行通信接口，典型的基础实验就是 IC 的 EEPROM 实验与 SPI 的 SD 卡读写实验。单片机目前基本都自带多通道 A/D 转换器，通过这些转换器可以利用单片机获取模拟量，用于检测电压、电流等信号。使用者要分清模拟地与数字地、参考电压、采样时间、转速率及转换误差等重要概念。

2. AVR 控制器

Atmel 公司是世界上著名的生产高性能、低功耗、非易失性存储器和数字集成电路的半导体公司。1997 年，Atmel 公司根据市场需求，推出了全新配置的精简指令集高速 8 位单片机，简称 AVR。其被广泛应用于计算机外设、工业实时控制、仪器仪表、通信设备和家用电器等各个领域。

衡量单片机性能的重要指标包括高可靠性、功能强、高速度、低功耗和低价位。AVR

单片机具有以下主要特性：

（1）废除了机器周期，采用 RISC，以字为指令长度单位，取指周期短，可预取指令，实现了流水作业，可高速执行指令，以高可靠性为后盾。

（2）在软硬件运行速度、性能和成本等多方面获得了优化平衡，是高性价比的单片机。

（3）内嵌高质量的 Flash 程序存储器，擦写方便；支持图像信号处理（ISP）和应用编程（IAP），便于产品的调试、开发、生产和更新。

（4）I/O 接口资源灵活、功能强大。

（5）内部具备多种独立的时钟分频器。

（6）高波特率的可靠通信。

（7）包括多种电路，可增强嵌入式系统的可靠性，如自动上电复位、看门狗、掉电检测以及多个复位源等。

（8）具有多种省电休眠模式，宽电压（2.7~5 V）运行，抗干扰能力强，可减少一般 8 位机中软件抗干扰设计的工作量和硬件使用量。

（9）集成多种元件和多种功能，充分体现了单片机技术朝着片上系统 SoC 的发展方向过渡。

AVR 单片机有以下三个档次：

（1）低档 Tiny 系列单片机，20 脚：Tiny 11/12/13/15/26/28、AT89C1051、AT89C1052。

（2）中档（标准）AT90S 系列单片机，40 脚：AT90S1200/2313/8515/8535、AT89C51。

（3）高档 ATmega 系列单片机，64 脚：ATmega8/16/32/64/128，存储容量分别为 8 KB、16 KB、32 KB、64 KB、128 KB；ATmega8515/8535。

1）ATmega128 单片机

ATmega128 单片机是 Atmel 公司推出的一款基于 AVR 内核、采用 RISC 结构、低功耗 CMOS 的 8 位单片机。由于在一个周期内执行一条指令，ATmega128 可以达到接近 1 MIPS/MHz 的性能。其内核将 32 个工作寄存器和丰富的指令集连接在一起，所有的工作寄存器都与逻辑单元（ALU）直接连接，实现了在一个时钟周期内执行一条指令，可以同时访问两个独立的寄存器。这种结构提高了代码效率，使 AVR 的运行速度比普通的 CISC 单片机高出 10 倍。

ATmega128 单片机具有以下特点：

（1）高性能、低功耗的 AVR 8 位微处理器以及先进的 RISC 结构。

① 133 条指令，大多数可以在一个时钟周期内完成。

② 32×8 的通用工作寄存器+外设控制寄存器。

③ 全静态工作。

④ 工作于 16 MHz 时性能高达 16 MIPS。

⑤ 只需两个时钟周期的硬件乘法器。

（2）非易失性的程序和数据存储器。

① 128 KB 的系统内可编程序 Flash，寿命为 10 000 次写/擦除周期。

② 具有独立锁定位、可选择的启动代码区，通过片内的启动程序实现系统内编程，真正实现了读-修改-写操作。

③ 4 KB 的 EEPROM，寿命为 100 000 次写/擦除周期。

④ 4 KB 的内部 SRAM。

⑤ 多达 64 KB 的优化外部存储器空间。

⑥ 可以对锁定位进行编程，以实现软件加密。

⑦ 可以通过 SPI 实现系统内编程。

（3）JTAG 接口（与 IEEE 1149.1 标准兼容）。

① 遵循 JTAG 标准的边界扫描功能。

② 支持扩展的片内调试。

③ 通过 JTAG 接口实现对 Flash、EEPROM、熔丝位和锁定位的编程。

（4）外设特点。

① 两个具有独立的预分频器和比较器功能的 8 位定时器/计数器。

② 两个具有预分频器、比较功能和捕捉功能的 16 位定时器/计数器。

③ 具有独立预分频器的实时时钟计数器。

④ 两路 8 位 PWM。

⑤ 6 路分辨率可编程序（2~16 位）的 PWM。

⑥ 输出比较调制器。

⑦ 8 路 10 位 ADC：8 个单端通道；7 个差分通道，其中 2 个是具有可编程序增益（1×、10×或 200×）的差分通道。

⑧ 面向字节的两线接口。

⑨ 两个可编程序的串行 USART。

⑩ 可工作于主机-从机模式的 SPI 串行接口。

⑪ 具有独立片内振荡器的可编程序看门狗定时器。

⑫ 片内模拟比较器。

（5）特殊的处理器特点。

① 上电复位以及可编程序的掉电检测。

② 片内经过标定的 RC 振荡器。

③ 片内/片外中断源。

④ 可以通过软件进行选择的时钟频率。

⑤ 可以通过熔丝位进行选择的 ATmega103 兼容模式。

⑥ 全局上拉禁止功能。

（6）I/O 和封装。

① 53 个可编程序 I/O 接口线。

② 64 引脚 TQFP 与 64 引脚 MLF 封装。

（7）六种省电模式。

① 空闲模式（Idle）：CPU 停止工作，其他子系统继续工作。

② DC 噪声抑制模式：CPU 和所有的 I/O 模块停止运行，而异步定时器和 ADC 继续工作。

③ 省电模式（Power-save）：异步定时器继续运行，其他部分则处于睡眠状态。

④ 掉电模式（Power-down）：除了中断和硬件复位之外都停止工作。

⑤ Standby 模式：振荡器工作，其他部分睡眠。

⑥ 扩展的 Standby 模式：允许振荡器和异步定时器继续工作。

（8）工作电压。ATmega128L 为 2.7~5.5 V，ATmega128 为 4.5~5.5 V。

（9）速度等级。ATmega128L 为 0~8 MHz，ATmega128 为 0~16 MHz。

ATmega128 单片机引脚如图 2-27 所示。

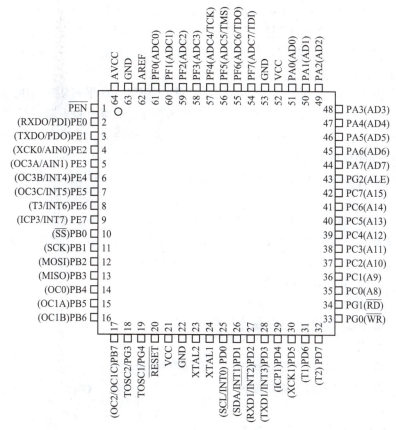

图 2-27 ATmega128 单片机引脚

端口 A（PA0~PA7）：端口 A 为 8 位双向 I/O 接口，并具有可编程序的内部上拉电阻。其输出缓冲器具有对称的驱动特性，可以输出和吸收大电流。作为输入使用时，若内部上拉电阻使能，则端口被外部电路拉低时将输出电流。复位发生时端口 A 为三态，端口 A 也可以用于其他不同的特殊功能。

端口 B（PB0~PB7）：端口 B 为 8 位双向 I/O 接口，并具有可编程序的内部上拉电阻。其输出缓冲器具有对称的驱动特性，可以输出和吸收大电流。作为输入使用时，若内部上拉电阻使能，则端口被外部电路拉低时将输出电流。复位发生时端口 B 为三态，端口 B 也可以用于其他不同的特殊功能。

端口 C（PC0~PC7）：端口 C 为 8 位双向 I/O 接口，并具有可编程序的内部上拉电阻。其输出缓冲器具有对称的驱动特性，可以输出和吸收大电流。作为输入使用时，若内部上拉电阻使能，则端口被外部电路拉低时将输出电流。复位发生时端口 C 为三态。端口 C 也可以用于其他不同的特殊功能，在 ATmega103 兼容模式下，端口 C 只能作为输出，而且在复位发生时不是三态。

端口 D（PD0~PD7）：端口 D 为 8 位双向 I/O 接口，并具有可编程序的内部上拉电阻。其输出缓冲器具有对称的驱动特性，可以输出和吸收大电流。作为输入使用时，若内部上拉电阻使能，则端口被外部电路拉低时将输出电流。复位发生时端口 D 为三态。端口 D 也可以用于其他不同的特殊功能。

端口 E（PE0~PE7）：端口 E 为 8 位双向 I/O 接口，并具有可编程序的内部上拉电阻。其输出缓冲器具有对称的驱动特性，可以输出和吸收大电流。作为输入使用时，若内部上拉电阻使能，则端口被外部电路拉低时将输出电流。复位发生时端口 E 为三态。端口 E 也可以用于其他不同的特殊功能。

端口 F（PF0~PF7）：端口 F 为 ADC 的模拟输入引脚。如果不用于 ADC 的模拟输入，则端口 F 可以作为 8 位双向 I/O 接口，并具有可编程序的内部上拉电阻。其输出缓冲器具有对称的驱动特性，可以输出和吸收大电流。作为输入使用时，若内部上拉电阻使能，则端口被外部电路拉低时将输出电流。复位发生时端口 F 为三态。如果使用了 JTAG 接口，则复位发生时引脚 PF7（TDI）、PF5（TMS）和 PF4（TCK）的上拉电阻使能。端口 F 也可以作为 JTAG 接口。

端口 G（PG0~PG4）：端口 G 为 5 位双向 I/O 接口，并具有可编程序的内部上拉电阻。其输出缓冲器具有对称的驱动特性，可以输出和吸收大电流。作为输入使用时，若内部上拉电阻使能，则端口被外部电路拉低时将输出电流。复位发生时端口 G 为三态。端口 G 也可以用于其他不同的特殊功能。

其他引脚功能如下：

RESET：复位输入引脚。超过最小门限时间的低电平将引起系统复位，低于此时间的脉冲不能保证可靠复位。

XTAL1：反向振荡器放大器及片内时钟操作电路的输入。

XTAL2：反向振荡器放大器的输出。

AVCC：电源。

AREF：ADC 的模拟基准输入引脚。

2）ATmega128 存储器

AVR 结构具有三个线性存储空间：程序寄存器（PSW）、数据寄存器（MDR）和 EE-PROM，其中 PSW 和 MDR 是主存储器空间。

ATmega128 具有 128 KB 的在线编程 Flash。因为所有的 AVR 指令均为 16 位或 32 位，故 Flash 组织成 64 KB×16 的形式。Flash 程序存储器分为（软件安全性）引导程序区和应用程序区。

ATmega128 还可以访问直到 64 KB 的外部数据静态随机存取存储器（SRAM），其起始紧跟在内部 SRAM 之后。数据寻址模式分为五种：直接寻址、带偏移量的间接寻址、间接寻址、预减的间接寻址以及后加的间接寻址。

（1）直接寻址访问整个数据空间。

（2）带偏移量的间接寻址模式寻址到 Y、Z 指针给定地址附近的 63 个地址。

（3）预减的和后加的间接寻址模式要用到 X、Y、Z 指针。

32 个通用寄存器、64 个 I/O 寄存器 4096B 的 SRAM 可以被所有的寻址模式所访问。

ATmega128 包含 4 KB 的 EEPROM。它是作为一个独立的数据空间存在的，可以按字节读写。EEPROM 的寿命至少为 100 000 次（擦除）。EEPROM 的访问由地址寄存器、数据寄存器和控制寄存器决定。

ATmega128 的所有 I/O 接口和外设都被放置在 I/O 空间中，在 32 个通用工作寄存器和 I/O 接口之间传输数据。其支持的外设要比预留的 64 个 I/O 接口（通过 IN/OUT 指令访问）所能支持的要多。

外部存储器接口非常适合与存储器元件互连，如外部 SRAM 和 Flash、液晶显示器（LCD）、A/D 转换器、D/A 转换器等。其主要特点如下：

（1）具有四种不同的等待状态（包括无等待状态）。

（2）不同的外部存储器可以设置不同的等待状态。

（3）可以有选择地确定地址高字节的位数。

（4）数据线具有总线保持功能以降低功耗。

外部存储器接口包括以下几个：

（1）AD0～AD7：复用的地址总线和数据总线。

（2）A8～A15：高位地址总线（位数可配置）。

（3）ALE：地址锁存使能。

（4）RD：读锁存信号。

（5）WR：写锁存信号。

外部存储器接口控制位于以下三个寄存器中：

（1）微控制单元（MCU）控制寄存器 MCUCR。

（2）外部存储器控制寄存器 A-XMCRA。

（3）外部存储器控制寄存器 B-XMCRB。

3）ATmega48/88/168 控制器

ATmega48/88/168 是基于 AVR 增强型 RISC 结构的低功耗 8 位 CMOS 微控制器。由于具有先进的指令集以及单时钟周期指令执行时间，ATmega48/88/168 的数据吞吐率高达 1 MIPS/MHz，从而可以缓解系统在功耗和处理速度之间的矛盾。

AVR 内核具有丰富的指令集和 32 个通用工作寄存器。所有的寄存器都直接与算术逻辑单元（ALU）相连接，每一条指令在一个时钟周期内可以同时访问两个独立的寄存器。这种结构大大提高了代码效率，并具有比普通 CISC 微控制器高 10 倍左右的数据吞吐率。

ATmega48/88/168 具有以下配置：

（1）4 KB/8 KB/16 KB 的系统内可编程序 Flash（在编程过程中还具有读的能力，即 RWW）。

（2）23 个通用 I/O 接口、32 个通用工作寄存器、3 个具有比较模式的定时器/计数器（T/C）。

（3）可编程序串行 USART、面向字节的两线串行接口、一个串行外设接口（SPI）、一个 6 路 10 位 ADC 接口（TQFP 与 MLF 封装的元件具有 8 路 10 位 ADC 接口）。

（4）具有片内振荡器的可编程序看门狗定时器。

（5）拥有五种工作模式。在空闲模式下，CPU 停止工作，而 SRAM、T/C、USART、两线串行接口、SPI 和中断系统继续工作；在掉电模式下，晶体振荡器停止振荡，除了中断和硬件复位功能外，所有功能都停止工作，而寄存器的内容则一直保持；在省电模式下，异步定时器继续运行，以允许用户维持时间基准，其他部分则处于睡眠状态；在 ADC 噪声抑制模式下，CPU 和所有 I/O 模块停止运行，而异步定时器和 ADC 继续工作，以减少 ADC 转换时的开关噪声；在 Standby 模式下振荡器工作，其他部分睡眠，只消耗极少的电能，并具有快速启动能力。

3. ARM 控制器

高级精简指令集机器（Advanced RISC Machines，ARM）既是一个公司的名字，也是对一类微处理器的通称，还可以认为是一种技术的名字。ARM 公司 1991 年成立于英国，主要出售芯片设计技术的授权。目前，采用 ARM 技术的微处理器（通常所说的 ARM 微处理器）已遍及工业控制、消费类电子产品、通信系统以及无线系统等各类产品市场。基于 ARM 技术的微处理器的应用占据了 32 位 RISC 处理器 75% 以上的市场份额。ARM 技术正在逐步渗透到人们生活的各个方面。目前，ARM 微处理器主要有以下几个系列：ARM7 系列、ARM9 系列、ARM9E 系列、ARM10E 系列、ARM11 系列、SecurCore 系列、XScale 系列和 Cortex 系列等。

1）ARM 概述

ARM 是一个 32 位精简指令集的处理器架构，广泛用于嵌入式系统设计。ARM 开发板根据其内核可以分为 ARM7 系列、ARM9 系列、ARM11 系列、Cortex-M 系列、Cortex-R 系列和 Cortex-A 系列等。其中，Cortex 是 ARM 公司生产的最新架构，占据了很大的市场份额。Cortex-M 系列是面向微处理器的，Cortex-R 系列是针对实时系统的，Cortex-A 系列则是面向尖端的基于虚拟内存的操作系统和用户的。由于 ARM 公司只对外提供 ARM 内核，各大厂商在授权付费使用 ARM 内核的基础上研发生产了各自的芯片，形成了嵌入式 ARM CPU 的大家庭。提供这些内核芯片的厂商有 Atmel、TI、飞思卡尔、NXP、ST 和三星等。图 2-28 所示为 ST 公司生产的 Cortex-M3ARM 处理器 STM32F103 系列 LQFP64 引脚图。

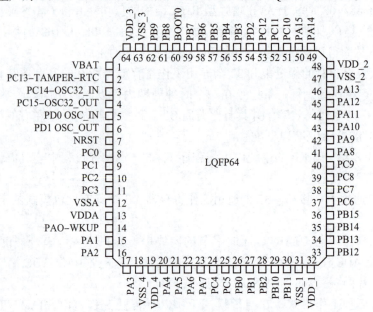

图 2-28　STM32F103 系列 LQFP64 引脚图

2）ARM 的特点

ARM 内核采用精简指令集计算机（RISC）体系结构，其指令集和相关译码机制比复杂指令集计算机（CISC）要简单得多，其目标就是设计出一套能在高时钟频率下单周期执行的简单而高效的指令集。RISC 的设计重点在于降低处理器中指令执行部件的硬件复杂程度，这是因为软件比硬件更容易提供更大的灵活性和更高的智能水平。因此，ARM 具备非常典型的 RISC 结构特性，具有以下特点：

（1）具有大量的通用寄存器。

（2）通过装载/保存结构使用独立的 load 和 store 指令完成数据在寄存器与外部存储器之间的传送，处理器只处理寄存器中的数据，从而避免多次访问存储器。

（3）寻址方式非常简单，所有装载/保存的地址都只由寄存器内容和指令域决定。

（4）使用统一和固定长度的指令格式。

这些在基本 RISC 结构上增强的特性使 ARM 处理器在高性能、低代码规模、低功耗和小的硅片尺寸方面获得了良好的平衡。

3）ARM 的驱动外设

ARM 公司只设计内核，将设计好的内核出售给芯片厂商，芯片厂商在内核外添加外设。这里主要分析 STM32 的外设。

STM32 是一种性价比很高的处理器，具有丰富的外设资源。它的存储器上集成着 32~512 KB 的 Flash 存储器、6~64 KB 的 SRAM 存储器，足够一般小型系统使用，还集成着 12 通道的 DMA 控制器及其支持的外设；其上集成的定时器包含 ADC、DAC、SPI、IC 和 UART，还集成着 2 通道 12 位 D/A 转换器（STM32F103XC、STM32F103XD 和 STM2F103XE）；最多可达 11 个定时器，其中 4 个 16 位定时器，每个定时器有 4 个 IC/OC/PWM 或者脉冲计数器；2 个 16 位的 6 通道高级控制定时器，最多 6 个通道可用于 PWM 输出；2 个看门狗定时器（独立看门狗和窗口看门狗）；1 个 SysTick 定时器（24 位倒计时器）；2 个 16 位基本定时器，用于驱动 DAC；支持多种通信协议：具有 2 个 IIC 接口、5 个 USART 接口、3 个 SPI 接口、2 个 I2S 复用口、CAN 接口以及 USB2.0 全速接口。

4）ARM Cortex-M3 控制技术

ARM 公司于 2005 年推出了 Cortex-M3 内核，就在当年，ARM 公司与其他投资商合伙成立了 Luminary 公司，由该公司率先设计、生产和销售基于 Cortex-M3 内核的 ARM 芯片——Stellaris（群星）系列 ARM。Cortex-M3 内核是 ARM 公司整个 Cortex 内核系列中的微控制器系列（M）内核，其他两个系列分别是应用处理器系列（A）与实时控制处理系列（R），这三个系列又分别简称为 M、A、R 系列，每个系列的内核分别有各自不同的应用场合。

Cortex-M3 内核主要应用于低成本、小引脚数和低功耗的场合，并且具有极强的运算能力和中断响应能力。Cortex-M3 处理器采用纯 Thumb-2 指令的执行方式，使这种具有 32 位高性能的内核能够实现 8 位和 16 位的代码存储密度。ARM Cortex-M3 处理器是使用最少门数的 ARM CPU，核心门数只有 33 KB，包含了必要外设之后的门数也只有 60 KB，使封装更为小型、成本更加低廉。Cortex-M3 采用了 ARMv7 哈佛架构，具有带分支预测的三级流水线，中断延迟最大只有 12 个时钟周期，在末尾联锁的时候只需要 6 个时钟周期。同时，它具有 1.25 DMIPS/MHz 的性能和 0.19 mW/MHz 的功耗。从 ARM7 升级为 Cortex-M3 可获得更佳的性能和功效。

过去十几年中，ARM7 系列处理器被广泛应用于众多领域。Cortex-M3 在 ARM7 的基础上开发成功，为基于 ARM7 处理器系统的升级开辟了通道。它的中心内核效率更高、编程模型更简单，具有出色的确定中断行为，其集成外设以低成本提供了更强大的性能。

基于 ARMv7 架构的 Cortex-M3 处理器带有一个分级结构。它集成了名为 CM3Core 的中心处理器内核和先进的系统外设，实现了内置的中断控制、存储器保护以及系统的调试和跟踪功能。这些外设可进行高度配置，允许 Cortex-M3 处理器处理大范围的应用并更贴近系统的需求。目前，已对 Cortex-M3 内核和集成部件进行了专门的设计，用于实现最大存储容量、最少引脚数目和极低功耗，如图 2-29 所示。

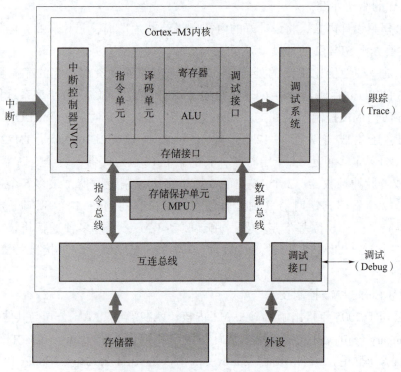

图 2-29　Cortex-M3 内核框图

Cortex-M3 中央内核基于哈佛架构，指令和数据各使用一条总线；ARM7 系列处理器则使用冯·诺依曼（Von Neumann）架构，指令和数据共用信号总线以及存储器，由于指令和数据可以从存储器中同时读取，因此，Cortex-M3 处理器可以对多个操作并行执行，加快了应用程序的执行速度。

Cortex-M3 内核包含一个适用于传统 Thumb 和新型 Thumb-2 指令的译码器、一个支持硬件乘法和硬件除法的先进算术逻辑单元（ALU）、控制逻辑和用于连接处理器其他部件的接口。内核流水线分三个阶段：取指、译码和执行。当遇到分支指令时，译码阶段也包含预测的指令取指，这提高了执行速度。处理器在译码阶段自行对分支目的地指令进行取指。在稍后的执行过程中，处理完分支指令后便知道下一条要执行的指令。如果分支不跳转，那么，紧跟着的下一条指令随时可供使用；如果分支跳转，则在跳转的同时分支指令也可供使用，空闲时间限制为一个周期。

Cortex-M3 处理器是一个 32 位处理器，带有 32 位宽的数据路径、寄存器库和存储器接口。其中有 13 个通用寄存器、2 个堆栈指针、1 个链接寄存器、1 个程序计数器和一系列包含编程状态寄存器的特殊寄存器。Cortex-M3 处理器支持两种工作模式（线程和处理器）和两个等级（有特权和无特权）的代码访问，能够在不牺牲应用程序安全的前提下执行复杂的开放式系统。无特权代码执行限制或拒绝对某些资源的访问，如对某个指令或指定内存位置的访问。线程模式是常用的工作模式，它同时支持享有特权的代码以及没有特权的代码。当发生异常时，进入处理器模式，在该模式下，所有代码都享有特权。此外，所有操作均根据以下两种工作状态进行分类：Thumb（代表常规执行操作）和 Debug（代表调试操作）。

Cortex-M3 处理器是一个存储器映射系统，为高达 4 GB 的可寻址存储空间提供了简单和固定的存储器映射。同时，这些空间为代码（代码空间）、SRAM（存储空间）、外部存储器/器件和内部/外部外设提供了预定义的专用地址。

借助 Bit-banding 技术，Cortex-M3 处理器可以在简单系统中直接对数据的单个位进行访问。存储器映射包含两个位于 SRAM 中的大小均为 1 MB 的 Bit-band 区域和映射到 32 MB 别名区域的外设空间。在别名区域中，某个地址上的加载/存储操作将直接转化为对该地址别名的位的操作。对别名区域中的某个地址进行写操作，如果使其最低有效位置位，则 Bit-band 位为 1，如果使其最低有效位清零，则 Bit-band 位为零。读别名后的地址将直接返回适当的 Bit-band 位中的值。除此之外，该操作为原子位操作，其他总线活动不能使其中断。

4. Arduino 控制器

Arduino 控制器是一个基于开放源码的软硬件平台，构建于开放源码 Simple I/O 接口版本，并具有使用类似 Java、C 语言的集成开发环境（IDE）和图形化编程环境。由于源码开放且价格低廉，Arduino 目前被广泛应用于欧美等国家和地区的电子设计以及互动艺术设计领域，并广泛用于我国的创客界。

Arduino 先后发布了十多种型号，有小到可以缝在衣服上的 LilyPad，也有为 Arduino 设计的 Mega；有最基础的型号 UNO，还有最新的 Leonardo。目前，使用最广泛的是 Arduino UNO 系列版本。它是 USB 系列的最新版本，不同于以前的各种 Arduino 控制器，它是把 ATmega8U2 编程为一个 USB 到串行接口的转换器，而不再使用 FIDI 的 USB 到串行接口驱动芯片。图 2-30 所示为 Arduino 控制器，该控制器采用最基础且应用最广泛的 UNO 板卡。

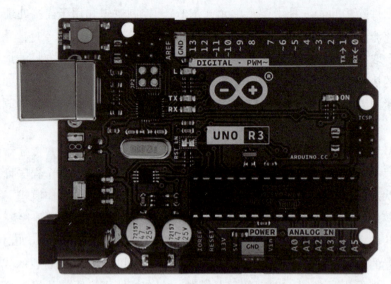

图 2-30　Arduino 控制器

　　它继承了 Arduino328 控制器的所有特性，并集成了电动机驱动、键盘、I/O 扩展板以及无线数据串行通信等接口，不仅可以兼容几乎所有 Arduino 系列的传感器和扩展板，而且可以直接驱动 12 个舵机。除此之外，它还提供了更多人性化设计，如采用了 3P 彩色排针，能够对应传感器连接线，以防止插错。其中红色对应电源，黑色对应 GND，蓝色对应模拟口，绿色对应数字口。

2.2.2　舵机运动控制概念

1. 舵机控制方式

　　舵机可以分为模拟舵机和数字舵机两种，这两种舵机主要区别是控制方式的不同。数字舵机可以看作是在模拟舵机基础上添加了处理器；模拟舵机是通过 PWM 信号进行控制的。在实际使用中，舵机通过检测高电平的长度确定输出的位置。

　　传统模拟舵机和数字比例舵机的电子电路中无 MCU 微控制器，一般都称之为模拟舵机。传统模拟舵机由功率运算放大器等接成惠斯登电桥，根据接收到的模拟电压控制指令和机械连动位置传感器反馈电压之间比较产生的差分电压，驱动有刷直流伺服电动机正/反运转到指定位置。数字比例舵机是模拟舵机最好的类型，由直流伺服电动机、直流伺服电动机控制器集成电路、减速齿轮组和反馈电位器组成，它由直流伺服电动机控制芯片直接接收 PWM 形式的控制驱动信号，迅速驱动电动机执行位置输出，直至直流伺服电动机控制芯片检测到位置输出连动电位器送来的反馈电压与 PWM 控制驱动信号的平均有效电压相等，停止电动机，完成位置输出。

　　数字舵机电子电路中带 MCU 微控制器，故俗称为数码舵机，数码舵机比模拟舵机具有反应速度更快、无反应区范围小、定位精度高、抗干扰能力强等优点。

　　常见舵机电机一般都为永磁直流电动机，如直流有刷空心杯电动机。直流电动机有线性的转速–转矩特性和转矩–电流特性，可控性好，驱动和控制电路简单，驱动控制有电流控制和电压控制两种模式。舵机电机控制实行的是电压控制模式，即转速与所施加电压成正比，驱动是由四个功率开关组成 H 桥电路的双极性驱动方式，运用脉冲宽度调制（PWM）技术调节供给直流电动机的电压大小和极性，实现对电动机的速度和旋转方向（正/反转）的控制。电动机的速度取决于施加到电机平均电压大小，即取决于 PWM 驱动波形占空比（占空比为脉宽/周期的百分比）的大小，加大占空比电动机加速，减少占空比电动机减速。

模拟舵机是直流伺服电动机控制器芯片，一般只能接收 50~300 Hz 的 PWM 外部控制信号，太高的频率就无法正常工作了。若 PWM 外部控制信号为 50 Hz，则直流伺服电动机控制器芯片获得位置信息的分辨时间就是 20 ms，比较 PWM 控制信号正比的电压与反馈电位器电压得出差值，该差值经脉宽扩展后驱动电动机动作，也就是说由于受 PWM 外部控制信号频率限制，最快 20 ms 才能对舵机摇臂位置做新的调整。

数码舵机通过 MCU 可以接收比 50 Hz 频率快得多的 PWM 外部控制信号，可在更短的时间分辨出 PWM 外部控制信号的位置信息，计算出 PWM 信号占空比正比的电压与反馈电位器电压的差值，去驱动电动机动作，使舵机摇臂位置调整。

不管是模拟舵机还是数码舵机，在负载转矩不变时，电动机转速取决于驱动信号占空比大小而与频率无关。数码舵机可接收更高频率的 PWM 外部控制信号，可在更短的周期时间获得位置信息，对舵机摇臂位置做最新调整。所以说数码舵机的反应速度比模拟舵机快，而不是驱动电动机转速比模拟舵机快。

2. 串行总线

一般来说，舵机在运行时从控制端接收控制信号。如果每个舵机都单独拉一根线，不但控制比较复杂，而且对布线的限制也很大。解决这个问题的办法是采用串行总线，即把所有舵机接到一根总线上。与 PWM 控制不同，总线上传输的是编码过的二进制消息。舵机接收到消息后，按照协议解析，判断消息的目的地（舵机 ID）。当消息目的地的 ID 与自己一致时，就依照消息内容做出相应的反应，这样一根总线就能控制多个舵机。不仅如此，采用总线的控制方式，舵机也可以传输信号给控制端，这意味着控制端可以读取舵机的各种信息，舵机出现故障时也能及时上报，进行相应的处理。

3. 舵机回读

总线的结构使舵机向控制端回传数据成为可能，智能人形服务机器人 Yanshee 的舵机就有这样的功能。当控制端发送特定指令给舵机时，舵机可以从内部的传感器读取当前的位置，并组装一条包含位置信息的消息传回控制端，控制端可以将这个位置信息记录下来供以后使用，这个过程叫作回读。

如智能人形服务机器人 Yanshee，它的一个姿态可以由所有舵机的角度共同表示。因此，记录了一组全部舵机的角度就相当于记录了机器人的姿态。用户可以随时向机器人发送指令，让舵机转到记录的角度，重现这个姿态。如果用户保存多个机器人的姿态，按照一定时间间隔执行起来，这就形成了一个机器人的连续动作。构成这个动作的逐个姿态，就像电影胶片的每一帧一样，因此，用户把这些记录了一组舵机角度和执行时间的数据称为动作帧。一系列连续的动作帧构成一个连贯的机器人动作。

4. 舵机掉电与舵机保护

当驱动电路不给舵机发送 PWM 信号时，舵机就会失去动力，表现出舵机"变软"的状态，可以很容易用手掰动舵机转动，此时舵机处于掉电状态。当舵机"变硬"，难以掰动时称为上电状态。

舵机保护，是指当电动机工作时，如果电流很大，产生的热量超过了散热的能力，可能烧坏舵机电路或结构。因此，数字舵机有一系列传感器监测舵机的工作状态，一旦发现舵机有过热风险就会停止工作，防止舵机被损坏。Yanshee 机器人的舵机在自我保护状态下，舵机上的 LED 会持续闪烁提醒用户，此时需要重启机器人，让舵机恢复正常工作状态。

2.2.3　舵机运动控制编程

1. 回读编程

回读编程，简单来说就是在 Yanshee APP 里，可以手动设置机器人的姿态，编辑机器人的动作，并保存为编程文件，然后机器人按照文件执行动作。例如，要让机器人跳一段舞蹈，可以按照要完成的舞蹈动作步骤进行逐一设置，设置完成后机器人会记录下动作，并将动作转化为程序记录下来，下次可以直接调用这段舞蹈使用。

如图 2-31 所示，使用时先进入 Yanshee APP，在 Home 界面单击【回读编程】，进入回读编程界面，即可进行回读编程操作，具体步骤如下：

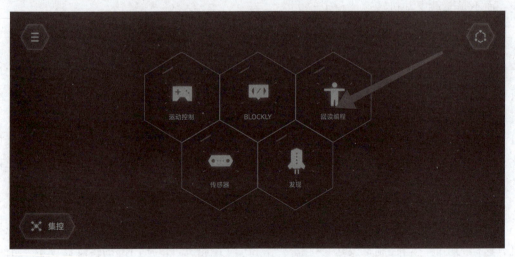

图 2-31　Home 界面

在机器人联网状态下，单击图 2-32 中绿色的加号，就会弹出机器人肢体选择界面，如图 2-33 所示。

在图 2-33 所示的肢体界面，单击机器人的肢体，就可以对机器人进行动作设置。设置时，有"M"和"A"两个模式。"M"表示对机器人动作做单次记录；"A"表示对机器人多个肢体做多个动作的连续设置。设置的原理为：当选中某肢体后，该部分肢体对应的舵机会断电，可以用手掰动肢体进行动作设置。再次单击已经断电的肢体，将会使机器

图 2-32　机器人回读编程界面图

人在原来位置上电。当将机器人掰到一个合适的位置时，可以单击【手动回读】按钮，记录这个姿态。通过这种操作，用户可以记录多个。单击【预览】按钮，机器人将从头开始执行，把这些姿态串起来组成一个连贯的动作。

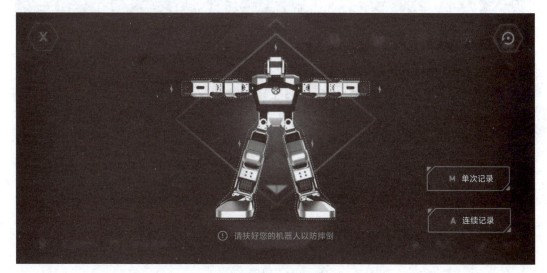

图 2-33　肢体界面图

　　动作设置好以后，动作的速度在执行时比较缓慢。这时候需要用到编辑功能进行调节。单击【编辑】按钮进入编辑模式，如图 2-34 所示。单击一个动作帧选中它，屏幕下方工具栏的按钮将会亮起。在工具栏里选择运行时长和间隔时长，可以调整动作帧执行的时间长短。调整这些数据，可以控制动作的速度和节奏。

　　设置好的动作可以单击【保存】按钮将动作保存到手机中，如图 2-35 所示。

　　在"我的动作"里可以找到所保存的文件，如图 2-36 所示。在动作列表中，能看到保存的所有动作，可以打开以前的动作进行编辑。

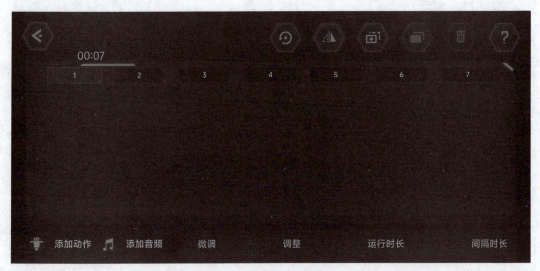

图 2-34　编辑界面图

图 2-35　动作保存设置

单击列表中的分享按钮，能将动作文件进行分享或发送给机器人 Yanshee，让机器人执行该动作文件的动作，如图 2-37 所示。

2. 调用 API 编程

除了通过回读编程让机器人完成运动控制，也可通过 Python 程序编程来控制机器人完成肢体动作或进行跳舞。

这里介绍通过调用 YanAPI 已编好的程序，让机器人完成伸开双臂和弯曲双臂的动作，如图 2-38 所示。

运行程序实现机器人肢体动作，智能人形服务机器人 Yanshee 肢体动作如图 2-39、图 2-40 所示。

图 2-36　机器人动作保存路径

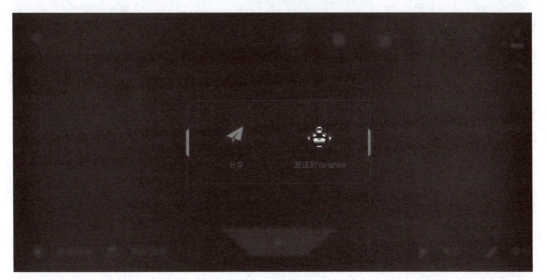

图 2-37　分享界面图

```
#!/usr/bin/env
#coding=utf-8

import YanAPI as api
import time

d1 = "RightShoulderRoll"
d2 = "RightShoulderFlex"
d3 = "RightElbowFlex"
d4 = "LeftShoulderRoll"
d5 = "LeftShoulderFlex"
d6 = "LeftElbowFlex"
api.set_servos_angles({d1:90,d2:90,d3:90,d4:90,d5:90,d6:90},500)
time.sleep(2)
api.set_servos_angles({d1:90,d2:180,d3:90,d4:90,d5:0,d6:90},500)
time.sleep(2)
api.sync_play_motion("reset")
```

图 2-38　Python 程序编程图

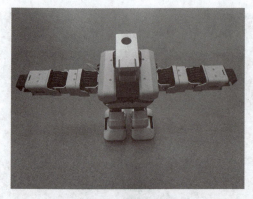

图 2-39　智能人形服务机器人
Yanshee 肢体动作图（1）

图 2-40　智能人形服务机器人
Yanshee 肢体动作图（2）

【项目实施】

任务准备

1. 准备设施/设备

2.4 GHz 无线网络、智能人形机器人、无线键盘、无线鼠标、配套传感器、HDMI 线、计算机（已安装树莓派 Raspbian 系统、Linux 系统、Python 环境）、手机（已安装 Yanshee APP）。

2. 检查设施/设备

检查 Yanshee 机器人开关机是否正常；

检查 Yanshee 机器人联网是否正常；

检查 Yanshee 机器人各舵机是否正常。

任务实施

1. 通过回读编程让机器人跳舞

在机器人仿真软件 Yanshee APP 中进行太空舞动作设置，设置时先连接网络，然后进入"回读编程"界面开始添加太空舞动作。具体步骤如下：

（1）设置机器人双臂弯曲。

进入"回读编程"后，左上角显示"1"，单击"1"，当变成橙色时（见图 2-41），

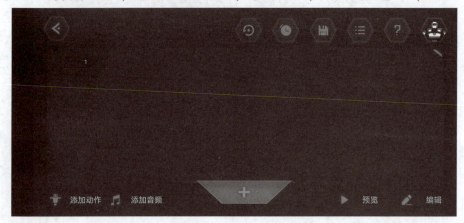

图 2-41　第 1 步回读编程动作设置

单击界面下方绿色加号（需要先联网），会弹出机器人肢体选择界面。选择机器人双臂，当双臂颜色变为橙色时，双臂已经掉电，如图 2-42 所示，直接用手将机器人双臂往下弯曲。然后单击右下方【单次记录】，机器人就会记录下动作姿态，具体如图 2-43 所示。

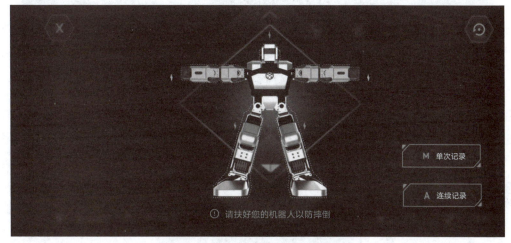

图 2-42　选择机器人双臂进行回读编程

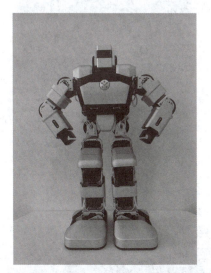

图 2-43　第 1 步机器人舞蹈动作姿态

（2）设置机器人展开双臂动作。

先单击左上角的"2"，变成橙色以后（见图 2-44），单击界面下方绿色加号（需要先联网），会弹出机器人肢体选择界面，选择机器人双臂，当双臂颜色变为橙色时，双臂已经掉电，用手将机器人双臂设置为平铺展开姿态，如图 2-45 所示。然后单击右下方【单次记录】，记录下机器人的动作姿态。

（3）设置机器人左手为"V"形，右手为倒"V"形。

单击绿色加号进入第 3 步设置（见图 2-46），选择机器人双臂，当双臂颜色变为橙色时，双臂已经掉电，设置左手为"V"形，右手为倒"V"形，如图 2-47 所示。然后单击右下方【单次记录】，记录下机器人的动作姿态。

图 2-44　第 2 步回读编程动作设置

图 2-45　第 2 步机器人动作舞蹈姿态

图 2-46　第 3 步回读编程动作设置

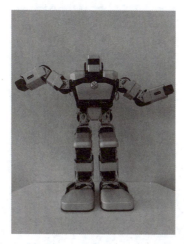

图 2-47　第 3 步机器人动作舞蹈姿态

（4）设置机器人左手弯曲为倒"V"形，右手弯曲为"V"形，双脚侧方踮起姿态。

单击绿色加号进入第 4 步设置（见图 2-48），选择机器人双臂和双腿（见图 2-49），设置左手弯曲为倒"V"形，右手为"V"形，双脚侧方踮起，如图 2-50 所示。然后单击右下方【单次记录】，记录下机器人的动作姿态。

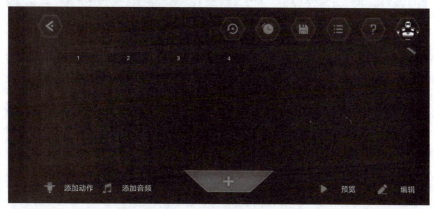

图 2-48　第 4 步回读编程动作设置

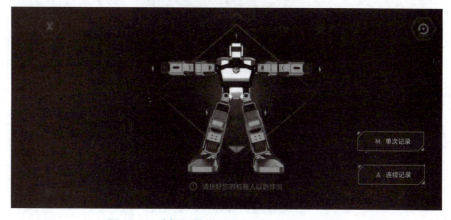

图 2-49　选择机器人双臂和双腿进行回读编程

图 2-50　第 4 步机器人动作舞蹈姿态

（5）设置为回到第（3）步动作状态。

具体设置时注意选中双臂，然后参照第（3）步的动作完成设置，如图 2-51 和图 2-52 所示。

图 2-51　第 5 步回读编程动作设置

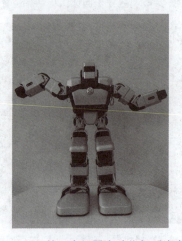

图 2-52　第 5 步机器人动作舞蹈姿态

（6）设置为回到第（4）步动作状态。

具体设置时注意选中双臂和双腿，然后参照第（4）步的动作完成设置，如图2-53和图2-54所示。

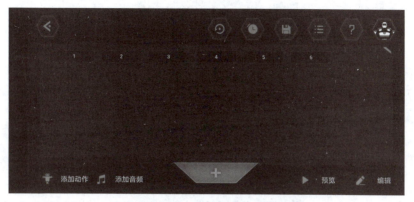

图2-53　第6步回读编程动作设置

图2-54　第6步机器人动作舞蹈姿态

（7）设置为回到第（2）步动作状态。

具体设置时注意选中双臂，然后参照第（2）步的动作完成设置，如图2-55和图2-56所示。

图2-55　第7步回读编程动作设置

图 2-56　第 7 步机器人动作舞蹈姿态

设置好以上的程序后，将舞蹈文件进行保存，具体操作在【回读编程】相关知识部分已经介绍。然后，连接网络执行程序文件，机器人开始跳太空舞。

2. 通过 Python 编程控制机器人

可以通过 Python 编程来控制机器人做一系列动作，如图 2-57 所示，可以让机器人抬起左手两次。

```
# -*- coding: utf-8 -*-
import YanAPI
ip_addr = "127.0.0.1" # please change to your yanshee robot IP
YanAPI.yan_api_init(ip_addr)
#let robot do raise hand twice
YanAPI.sync_play_motion(name="raise",direction="left",speed="normal",repeat=2)
#reset robot
YanAPI.sync_play_motion(name="reset")
```

图 2-57　Python 编程界面

保存文件为 hitleft. py，在/home/pi 下面执行 Python hitleft. py 之后观察机器人动作效果。

通过回读编程编写一套做俯卧撑的动作，命名为 push up. hts，然后复制到相应的机器人目录/mnt 下完成 Python 代码调用，并执行。

通过本节的学习，我们学会了如何通过 APP 来编辑一个合适的动作文件，然后如何通过 Python 接口调用来完成相应的动作，这个过程在实际应用中用处很大。后续章节我们将通过各种输入环节，包括语音输入、视觉输入、传感器输入等来驱动相应的机器人动作文件，完成我们想要的综合应用场景。比如手掌游戏环节，我们会让机器人做蹲下、挥手等动作；摔倒管理环节，我们会让机器人做出后撑地站起动作等，总之，这节课是后续课程的重要基础。连续的机器人动作为人机交互体验起到了支撑性作用。

任务评价

完成本项目中的学习任务后，请对学习过程和结果的质量进行评价和总结，并填写评价反馈表，如表 2-2 所示。自我评价由学习者本人填写，小组评价由组长填写，教师评价由任课教师填写。

表 2-2　评价反馈表

班级		姓名		学号		日期	
自我评价	1. 能够说出常见的机器人控制器与工作原理					□是　　　　　□否	
	2. 能够说出舵机控制方式及工作原理					□是　　　　　□否	
	3. 能够说出串行总线的工作原理					□是　　　　　□否	
	4. 能够通过回读编程实现控制机器人					□是　　　　　□否	
	5. 能够通过 Python 编程实现控制机器人					□是　　　　　□否	
	6. 是否能按时上、下课，着装规范					□是　　　　　□否	
	7. 学习效果自评等级					□优　□良　□中　□差	
	8. 在完成任务的过程中遇到了哪些问题？是如何解决的？						
	9. 总结与反思						
小组评价	1. 在小组讨论中能积极发言					□优　□良　□中　□差	
	2. 能积极配合小组完成工作任务					□优　□良　□中　□差	
	3. 在查找资料信息中的表现					□优　□良　□中　□差	
	4. 能够清晰表达自己的观点					□优　□良　□中　□差	
	5. 安全意识与规范意识					□优　□良　□中　□差	
	6. 遵守课堂纪律					□优　□良　□中　□差	
	7. 积极参与汇报展示					□优　□良　□中　□差	
教师评价	综合评价等级： 评语： 教师签名：　　　　　日期：						

项目 2.3　控制机器人跨越障碍

　　当我们看到后空翻的波士顿动力的 Atlas 在雪地上自由行走，看到灵活自如的适用不同地形的机器蜘蛛爬行，看到 Walker 机器人上下楼梯等时，不由得发问，机器人究竟是怎样控制自己的步态的？如何保持自身的平衡的同时完成对不同环境的识别与处理的？这些都离不开机器人的步态控制。

　　如果说正逆运动学是让特定的机器人某个关节到达某个特定的位置，那么步态控制算法可以说是为了让机器人保持平衡且快速行走的控制策略。因此步态控制更加关注的是机器人自身的质心位置、左右脚部位置和身体姿态等这些概念。而具体某个舵机应该输出多少度等细节是正逆运动学需要解决的问题。因此如果我们能把步态控制和正逆运动学组合起来运用，就能完成一个简单的双足人形机器人的平衡控制。本项目将讲解步态控制算法，为大家学习机器人工程学知识打下坚实的理论与实践基础。

【学习目标】

知识目标

➤ 熟悉机器人行走机构及双足机器人运动学；

➤ 熟悉双足机器人步态算法；

➤ 掌握机器人运动仿真。

技能目标

➤ 能够控制机器人跨越障碍；

➤ 能够进行机器人运动仿真。

素质目标

➤ 通过介绍"玉兔"月球车，让学生了解我国航天事业，增强民族自豪感。

【项目任务】

本任务将基于 Yanshee 机器人，学习使用双足机器人步态算法控制 Yanshee 机器人，实现跨越障碍行走，最后学会如何通过 Gazebo 来实现机器人运动仿真控制。

【知识储备】

行走机构是行走机器人的重要执行部件，由驱动装置、传动机构、位置检测元件、传感器、电缆及管路等组成。它一方面支承机器人的机身、臂部和手部，另一方面还根据工作任务的要求，带动机器人实现在更广阔的空间内运动。

一般而言，行走机器人的行走机构主要有车轮式行走机构、履带式行走机构和足式行走机构。此外，还有步进式行走机构、蠕动式行走机构、混合式行走机构和蛇行式行走机构等，以适应各种特殊的场合。

2.3.1　机器人行走机构

1. 行走机构的特点

行走机构按其行走移动轨迹可分为固定轨迹式和无固定轨迹式。固定轨迹式行走机构主要用于工业机器人。无固定轨迹式行走机构按行走机构的特点可分为步行式、轮式和履带式。在行走过程中，步行式与地面为间断接触，轮式和履带式与地面为连续接触；前者为类人（或动物）的腿脚式，后两者的形态为运行车式。运行车式行走机构用得比较多，多用于野外作业，比较成熟。步行式行走机构正在发展和完善中。

1）固定轨迹式可移动机器人

这类机器人机身底座安装在一个可移动的拖板座上，靠丝杠螺母驱动，整个机器人沿丝杠纵向移动。这类机器人除了采用直线驱动方式外，有时也采用类似起重机梁行走方式。固定轨迹式可移动机器人主要用在作业区域大的场合，如大型设备装配、立体化仓库中的材料搬运、材料堆垛与储运以及大面积喷涂等。

2）无固定轨迹式行走机器人

工厂对机器人行走性能的基本要求是机器人能够从一台机器旁边移动到另一台机器旁边，或者在一个需要焊接、喷涂或加工的物体周围移动，不用把工件送到机器人面前。这种行走性能也使机器人能更加灵活地从事更多的工作。在一项任务不忙的时候它还能够去做另一项工作，如同真正的工人一样。要使机器人能够在被加工物体周围移动或者从一个工作地点移动到另一个工作地点，首先需要机器人能够面对一个新物体自行重新定位。同时，行走机器人应能够绕过其运行轨道上的障碍物。计算机视觉系统是提供上述能力的方法之一。

运载机器人的移动车辆必须能够支承机器人的质量。当机器人四处行走对物体进行加工的时候，移动车辆还需具有保持稳定的能力。这就意味着机器人本身既要平衡可能出现的不稳定力或力矩，又要有足够的强度和刚度，以承受可能施加于其上的力和力矩。为了满足这些要求，可以采用以下两种方法：一是增加机器人移动车辆的质量和刚性，二是进行实时计算和施加所需要的平衡力。前一种方法比较容易实现，因此它是目前改善机器人行走性能的常用方法。

2. 车轮式行走机构

车轮式行走机器人是机器人中应用最多的一种，在相对平坦的地面上，用车轮移动的方式行走是相当优越的。

1）车轮的形式

车轮的形状或结构形式取决于地面的性质和车辆的承载能力。在轨道上运行的多采用实心钢轮，在室外路面上行驶的多采用充气轮胎，在室内平坦地面上行驶的可采用实心轮胎。

图2-58所示为我国登月工程中"玉兔"月球车的车轮，该车轮是镂空金属轮，镂空是为了减少扬尘，因为在月面环境影响下，"玉兔"行驶时很容易打滑，月壤细粒会大量扬起飘浮，进而对巡视器等敏感部件产生影响，容易引起机械结构卡死、密封机构失效、光学系统灵敏度下降等故障。为应付"月尘"困扰，"玉兔"的轮子辐条采用钛合金，筛网用金属丝编制，在保持高强度和抓地力的同时，减轻了轮子的质量。轮子上有二十几个抓地爪露在外面。

2）车轮的配置和转向机构

车轮式行走机构依据车轮的数量分为一轮、二轮、三轮、四轮以及多轮行走机构。一轮和二轮行走机构在实现上的主要障碍是稳定性问题，实际应用的多为三轮和四轮车轮式行走机构。

（1）一般三轮行走机构。

三轮行走机构具有一定的稳定性，代表性的车轮配置方式是一个前轮、两个后轮，如图2-59所示。图2-59（a）采用两个后轮独立驱动，前轮仅起支承作用，靠后轮的转速差实现转向；图2-59（b）采用前轮驱动、前轮转向的方式；图2-59（c）利用两后轮差动减速器驱动、前轮转向的方式。

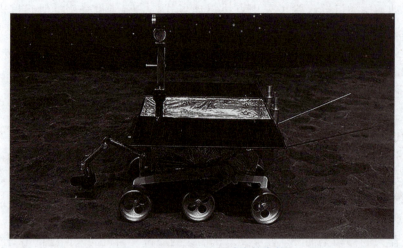

图 2-58　"玉兔"月球车的车轮

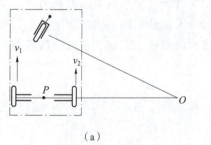 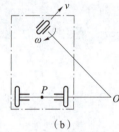 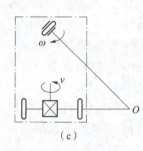

（a）　　　　　　　　　（b）　　　　　　　　　（c）

图 2-59　三轮行走机构

（a）两个后轮独立驱动；（b）前轮驱动、前轮转向的方式；
（c）两后轮差动减速器驱动、前轮转向的方式

（2）轮组三轮行走机构。

图 2-60 所示为具有三组轮子的轮组三轮行走机构。三组轮子呈等边三角形分布在机器人的下部，每组轮子由若干个滚轮组成。这些轮子能够在驱动电动机的带动下自由地转动，使机器人移动。驱动电动机控制系统既可以同时驱动三组轮子，也可以分别驱动其中的两组轮子，机器人可以在任何方向上移动。该机器人的行走机构设计得非常灵活，它不但可以在工厂地面上运动，而且能够沿小路行驶。这种轮系存在的问题是稳定性不够，容易倾倒，而且运动稳定性随着负载轮子的相对位置不同而变化；轮子与地面的接触点从一个滚轮移到另一个滚轮上时，会出现颠簸。

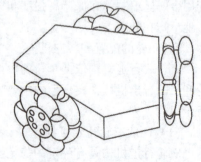

为了改进该机器人的稳定性，重新设计的三轮机器人使用长度不同的两种滚轮，长滚轮呈锥形，固定在短滚轮的凹槽里，大大减小了滚轮之间的间隙，减小了轮子的厚度，提高了机器人的稳定性。此外，滚轮上还附加了软蒙皮，具有足够的变形能力，可使滚轮的触点在相互替换时不发生颠簸。

图 2-60　三组轮子的轮组
三轮行走机构

（3）四轮行走机构。

四轮行走机构的应用最为广泛。四轮行走机构可采用不同的方式实现驱动和转向，如图 2-61 所示。图 2-61（a）为后轮分散驱动；图 2-61（b）采用连杆机构实现四轮同步转向，当前轮转向时，通过四连杆机构使后轮得到相应的偏转。这种机构相比仅有前轮转向的机构，可实现更小的转向回转半径。

具有四组轮子的轮系其运动稳定性有很大提高，但是要保证四组轮子同时与地面接触，必须使用特殊的轮系悬挂系统。它需要四个驱动电动机，控制系统也比较复杂，造价也较高。机器人可以根据需要让四个车轮按横向、纵向或同心方向行走，增加机器人的运动灵活性。

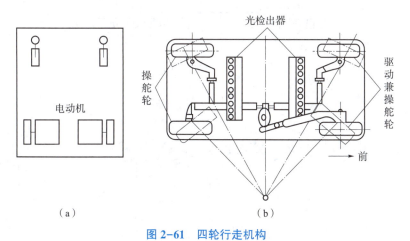

图 2-61　四轮行走机构

（a）后轮分散驱动；（b）四轮同步转向

3）越障轮式机构

普通车轮式行走机构对崎岖不平的地面适应性很差，越障轮式机构可以提高车轮式行走机构的地面适应能力，这种行走机构往往是多轮式行走机构。

（1）三小轮式行走机构。

图 2-62 所示为三小轮式行走机构。①～④小车轮自转用于正常行走，⑤、⑥小车轮公转用于上台阶，图中⑦表示用支臂撑起负载。

图 2-63 所示为三小轮式行走机构上台阶。图 2-63（a）是 a 小轮和 c 小轮旋转前进（行走），使车轮接触台阶停住；图 2-63（b）是 a、b 和 c 小轮绕着它们的中心旋转（公转），b 小轮接触到了高一级台阶；图 2-63（c）是 b 小轮和 a 小轮旋转前进（行走）；图 2-63（d）是车轮又一次接触台阶停住。如此往复，便可以一级一级台阶地向上爬。三轮或四轮装置的三小轮式行走机构上台阶，在同一个时刻，总是有轮子在行走，有轮子在公转。

（2）多节车轮式行走机构。

多节车轮式行走机构是由多个车轮用轴关节或伸缩关节连在一起形成的轮式行走机构。这种多节车轮式行走机构非常适合于行驶在崎岖不平的道路上，对于攀爬台阶也非常有效。图 2-64 所示为多节车轮式行走机构的组成原理，图 2-65 所示为多节车轮式行走机构上台阶的工作过程。

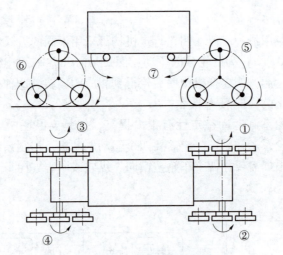

图 2-62　三小轮式行走机构

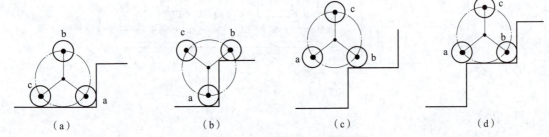

图 2-63　三小轮式行走机构上台阶

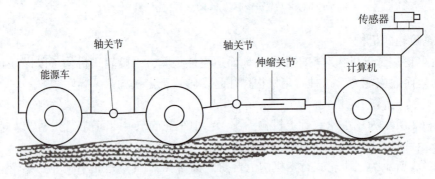

图 2-64　多节车轮式行走机构的组成原理

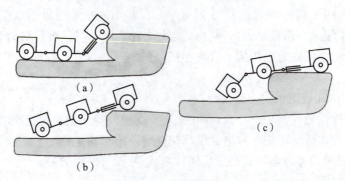

图 2-65　多节车轮式行走机构上台阶的工作过程

3. 履带式行走机构

履带式行走机构适合在未建造的天然路面上行走，它是轮式行走机构的拓展，履带起给车轮连续铺路的作用。

1）履带式行走机构的组成

履带式行走机构由履带、驱动链轮、支承轮、托带轮和张紧轮组成，如图2-66所示。

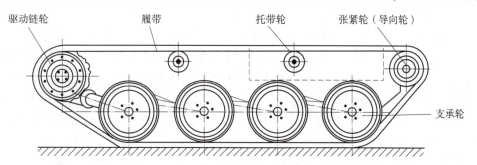

图 2-66　履带式行走机构

履带式行走机构的形状有很多种，主要包括一字形、倒梯形等，如图2-67所示。图2-67（a）为一字形，驱动链轮及张紧轮兼作支承轮，增大支承地面面积，改善了稳定性，此时驱动链轮和张紧轮只略微高于地面。图2-67（b）为倒梯形，不作支承轮的驱动链轮与张紧轮装得高于地面，链条引入引出时的角度达50°，其优点是适合穿越障碍；另外，因为减少了泥土夹入引起的磨损和失效，可以提高驱动链轮和张紧轮的寿命。

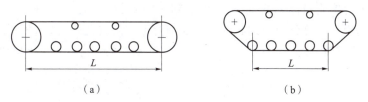

（a）　　　　　　　　　　（b）

图 2-67　履带式行走机构的形状

（a）一字形；（b）倒梯形

2）履带式行走机构的特点

（1）履带式行走机构的优点：

① 支承面积大，接地比压小，适合在松软或泥泞场地进行作业，下陷度小，滚动阻力小。

② 越野机动性好，可以在有些凹凸的地面上行走，可以跨越障碍物，能爬梯度不太高的台阶，爬坡、越沟等性能均优于轮式行走机构。

③ 履带支承面上有履齿，不易打滑，牵引附着性能好，有利于发挥较大的牵引力。

（2）履带式行走机构的缺点：

① 由于没有自定位轮，没有转向机构，只能靠左右两个履带的速度差实现转弯，故在横向和前进方向都会产生滑动。

② 转弯阻力大，不能准确地确定回转半径。

③ 结构复杂，质量大，运动惯性大，减振功能差，零件易损坏。

4. 足式行走机构

车轮式行走机构只有在平坦坚硬的地面上行驶才有理想的运动特性。如果地面凹凸程度与车轮直径相当或地面很软，则它的运动阻力将大大增加。履带式行走机构虽然可在高低不平的地面上运动，但它的适应性不够，行走时晃动太大，在软地面上行驶的运动效率低。根据调查，地球上近一半的地面不适合传统的车轮式或履带式行走机构行走。但是一般多足动物却能在这些地方行动自如，显然与车轮式和履带式行走机构相比，足式行走机构具有独特的优势。

1）足式行走机构的特点

足式行走机构对崎岖路面具有很好的适应能力，足式运动方式的立足点是离散的点，可以在可能到达的地面上选择最优的支承点，而车轮式和履带式行走机构必须面临最差地形上的几乎所有点；足式行走机构有很大的适应性，尤其在有障碍物的通道（如管道、台阶或楼梯）或很难接近的工作场地更有优越性；足式运动方式还具有主动隔振能力，尽管地面高低不平，机身的运动仍然可以相当平稳；足式行走机构在不平地面和松软地面上的运动速度较高，能耗较少。

现有的步行机器人的足数包括单足、双足、三足、四足、六足、八足，甚至更多。足数多，适合重载和慢速运动。双足和四足具有最好的适应性和灵活性，也最接近人类和动物。

2）足的配置

足的配置是指足相对于机体的位置和方位的安排，这个问题对于双足及双足以上的机器人尤为重要。就双足而言，足的配置或者是一左一右，或者是一前一后。后一种配置因容易引起腿间的干涉而实际上很少用到。

（1）足的主平面的安排。

在假设足的配置为对称的前提下，四足或多于四足的配置有两种，如图 2-68 所示。图 2-68（a）是正向对称分布，即腿的主平面与行走方向垂直；图 2-68（b）为前后向对称分布，即腿平面和行走方向一致。

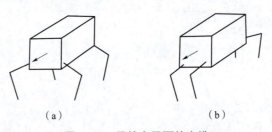

（a）　　　　　　　　　　　（b）

图 2-68　足的主平面的安排

（a）正向对称分布；（b）前后向对称分布

（2）足的几何构形。

图 2-69 所示为足在主平面内的几何构形，包括哺乳动物形、爬行动物形和昆虫形。

（3）足的相对方位。

图 2-70 所示为足的相对方位，包括内侧相对弯曲、外侧相对弯曲和同侧弯曲。不同的安排对稳定性有不同的影响。

3）足式行走机构的平衡和稳定性

（1）静态稳定的多足机构。

机器人机身的稳定通过足够数量的足支承来保证。在行走过程中，机身重心的垂直投影落在支承足着落地点垂直投影所形成的凸多边形内，即使在运动中的某一瞬时将运动

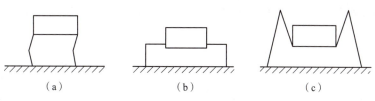

图 2-69　足在主平面内的几何构形

（a）哺乳动物形；（b）爬行动物形；（c）昆虫形

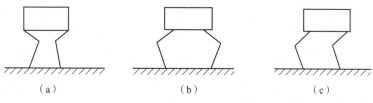

图 2-70　足的相对方位

（a）内侧相对弯曲；（b）外侧相对弯曲；（c）同侧弯曲

"凝固"，机体也不会有倾覆的危险。这类行走机构的速度较慢，它的步态为爬行或步行。四足机器人在静止状态是稳定的，在步行时，当一只脚抬起，另三只脚支承自重时，必须移动身体，让重心落在三只脚接地点所组成的三角形内。六足、八足步行机器人由于行走时可保证至少有三足同时支承机体，在行走时更容易得到稳定的重心位置。

在设计阶段，静平衡机器人的物理特性和行走方式都经过认真协调，因此在行走时不会发生严重偏离平衡位置的现象。为了保持静平衡，需要仔细考虑机器人足的配置。保证至少同时有三足着地来保持平衡，也可以采用大的机器足，使机器人重心能通过足的着地面，易于控制平衡。

（2）动态稳定的多足机构。

动态稳定的典型例子是踩高跷。高跷与地面只是单点接触，两根高跷在地面不动时站稳是非常困难的，要想原地停留，必须不断踏步，不能总是保持步行中的某种瞬间姿态。

在动态稳定中，机体重心有时不在支承图形中，利用这种重心超出面积外而向前产生倾倒的分力作为行走的动力并不停地调整平衡点以保证不会跌倒。这类机构一般运动速度较快，消耗能量小，其步态可以是小跑和跳跃。

双足行走和单足行走有效地利用了惯性和重力，利用重力使身体向前倾倒来向前运动。这就要求机器人控制器必须不断地将机器人的平衡状态反馈回来，通过不停地改变加速度或者重心的位置来满足平衡或定位的要求。

4）典型的足式行走机构

（1）双足步行式机器人。

足式行走机构有两足、三足、四足、六足、八足等形式，其中双足步行式机器人具有最好的适应性，也最接近人类，故也称类人双足行走机器人。类人双足行走机构是多自由度的控制系统，是现代控制理论很好的应用对象。这种机构除结构简单外，在保证静动性能、稳定性和高速运动等方面都是最困难的。

如图 2-71 所示，双足步行式机器人行走机构是一空间连杆机构。在行走过程中，该行走机构始终满足静力学的静平衡条件，也就是机器人的重心始终落在接触地面的一只脚上。

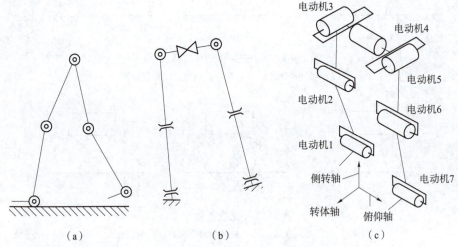

图 2-71　双足步行式机器人行走机构

（2）四足、六足步行式机器人。

这类步行式机器人是模仿动物行走的机器人。四足步行式机器人除了关节式外，还有缩放式步行机构。四足缩放式步行机器人在平地上行走的初始姿态，通常使机体与支承面平行。四足对称姿态比双足步行容易保持运动过程中的稳定，控制也相对容易些，其运动过程是一条腿抬起，另外三条腿支承机体向前移动。

2.3.2　双足机器人运动学

机器人运动学包括正向运动学和逆向运动学。正向运动学即给定机器人各关节变量，计算机器人末端的位置姿态；逆向运动学即已知机器人末端的位置姿态，计算机器人对应位置的全部关节变量。

正向运动学相当于告诉机器人需要输出的舵机角度，进而求得机器人关节在空间中的某个固定的位置。而逆向运动学刚好反过来，我们通过给定机器人空间中的某个位置，进而求得机器人的关节需要到达这个位置的输出角度值。这就是逆向运动学需要解决的问题，而事实上在逆向运动学求解过程中会遇到很多困难，也就是后面会学到的多余解问题，要懂得如何去舍弃不需要的解，进而获得需要的真正的解。实际中最常用到的情况就是机器人的逆向运动学求解，比如我们希望机器人去抓住某个水杯，然后帮我们把水杯拿过来。这时候就需要机器人到达某个位置，即水杯在空间中的位置，然后抓起水杯，而这时我们就要通过逆向运动学的方法求得机器人应该根据这个目标环境做出怎样的角度输出值，进而完成我们希望它完成的任务。因此逆向运动学是机器人运动控制中非常重要的研究领域，也是机器人运动学的一项基本技能。

1. 双足机器人正向运动学

双足机器人正向运动学是指根据机器人的各个关节变量和连杆的几何特征，来推算出机器人末端执行器在三维空间中的位置和姿态。双足机器人正向运动学是运动学的重要组成部分，是实现机器人精确轨迹规划和运动控制的重要基础。双足机器人正向运动学通常采用数值计算的方法进行求解，其计算过程较为复杂，需要对机器人的运动学模型进行简化，并运用数值逼近和迭代算法来求解机器人的正向运动学问题。

机器人正向运动学，即在刚性连杆情况下，给定各个关节角度解，求各个连杆和足端控制点的位置与姿态。在固定世界坐标系下，可以通过解算机器人正向运动学直接确定双足机器人足端的运动状态，并间接得到机器人的重心坐标随双足运动所产生的姿态变化。

2. 双足机器人逆向运动学

逆向运动学，即已知机器人腿部和身体姿态后，求取各个可控关节的目标角度，一般而言，该计算要先由机器人正向运动学模型上得到机器人各腿关节相对于躯干固定坐标系的位姿，再由足端目标位姿及运动学转换关系罗列逆向运动学方程并求解，即最终可以建立和规划机器人足端的实际运动轨迹，该轨迹是一种相对于躯干固定坐标系与机器人各关节转角的数学对应关系。

在求解运动学逆解时，首先要将问题细分为几个逆解子问题，每个子问题可能无解、有一个解或多个解，这与电机控制对象的目标位置有关，如果超出可适用位置，则得到无解；当控制输出处于可适用位置，且电机控制对象均处于一个阶段区域，可以得到多解。

双足机器人逆向运动学是一个非线性的求解问题，相对于正向运动学较为复杂，主要是因为可解性探究、多重解以及多重解的选择等问题。双足机器人逆向运动学主要是根据机器人末端执行器的位置和姿态，反推出机器人各关节变量的值，从而实现对机器人各关节的控制，使机器人能够按照预设的轨迹和姿态进行运动。逆向运动学的求解方法主要有数值法和解析法两种，其中数值法是最常用的方法。

双足机器人逆向运动学的研究对于机器人的自主行走、避障、抓取等应用具有重要意义。例如，在实现机器人的自主行走时，需要通过逆向运动学求解出机器人各关节的变量值，从而实现对机器人的精确控制，保证机器人的行走稳定性和灵活性。

2.3.3 双足机器人步态算法

双足机器人步态算法是控制双足机器人行走的关键技术之一，其主要目的是使机器人能够实现稳定、平滑和高效的行走。

双足机器人步态算法涉及的关键技术有以下几个。

（1）步态生成：根据机器人的身体结构和行走环境，设计出稳定、平滑的步态序列，包括步长、步频、相位和姿态等参数。

（2）重心控制：通过控制机器人的重心位置，使其能够在不同的步态和姿态下保持稳定。

（3）关节控制：根据步态序列和重心控制的要求，通过调节机器人的各关节变量，使其能够实现预期的行走效果。

（4）地面接触检测：通过检测机器人的脚掌与地面的接触情况，调整步态和姿态，确保行走的稳定性和效率。

（5）运动学和动力学建模：建立机器人的运动学和动力学模型，实现对机器人行走过程的精确控制。

目前，常见的双足机器人步态算法包括倒立摆（LIP）模型、ZMP 模型、Swing-leg 模型等。其中，LIP 模型将机器人简化为一个倒立摆模型或小车–桌子模型，通过调节摆动腿的位置和姿态，使机器人的重心保持在稳定的范围内；ZMP 模型则是基于零力矩点（ZMP）的原理，通过调节机器人的姿态和步态，使 ZMP 位置与参考位置之间的误差尽可能小，从而保证机器人在行走过程中的稳定性；Swing-leg 模型则是通过调节摆动腿的姿态和位置，使机器人在行走过程中保持稳定的步态和姿态。

2.3.4 机器人运动仿真

机器人运动仿真是机器人学里非常重要的研究课题，我们学习机器人的第一步就是希望能通过模拟的效果看到机器人的运动结果，以此来验证我们硬件设计的合理性。当我们设计的机器人需要添加各种新型算法时，可以先在模拟环境中对机器人进行算法测试。当我们需要对机器人在现实场景中进行回归测试时，可以先用模拟环境来模拟真实物理场景对机器人综合性能做出预先评估。因此，机器人仿真是机器人工程学领域的一项意义非凡的任务，一旦具备了仿真学的能力，我们就能以此来做很多机器人研究的事情了，因此它非常值得好好学习一下。

1. Gazebo 仿真工具

Gazebo 是一个开源免费的三维物理仿真平台，具备强大的物理引擎、高质量的图形渲染、方便的编程与图形接口。作为一个优秀的开源物理仿真环境，具备以下特点：

（1）动力学仿真：支持多种高性能的物理引擎，如 ODE、Bullet、Simbody、DART 等。

（2）三维可视化环境：支持显示逼真的三维环境，包括光线、纹理、影子。

（3）传感器仿真：支持传感器数据的仿真，同时可以仿真传感器噪声。

（4）可扩展插件：用户可以定制化开发插件，扩展 Gazebo 的功能，满足个性化的需求。

（5）多种机器人模型：官方提供 PR2、Pioneer 2DX、TurtleBot 等机器人模型，当然也可以使用自己创建的机器人模型。

（6）TCP/IP 传输：Gazebo 可以实现远程仿真、后台仿真和前台显示通过网络通信。

（7）云仿真：Gazebo 仿真可以在 Amazon、SoftLayer 等云端运行，也可以在自己搭建的云服务器上运行。

（8）终端工具：用户可以使用 Gazebo 提供的命令行工具在终端实现仿真控制。

2. Gazebo 的功能

1）构建机器人运动仿真模型

在 Gazebo 里，提供了最基础的三个物体，分别为球体、圆柱体、立方体，利用这三个物体以及它们的伸缩变换或者旋转变换，可以设计一个最简单的机器人三维仿真模型。Gazebo 提供了 CAD、Blender 等各种 2D、3D 设计软件的接口，可以导入这些图纸让 Gazebo 的机器人模型更加真实。同时，Gazebo 提供了机器人的运动仿真，通过 Model Editor 下的 Plug in，来添加我们需要验证的算法文件，这样就可以在 Gazebo 里对机器人的运动进行仿真。

2）构建现实世界各种场景的仿真模型

Gazebo 可以建立一个用来测试机器人的仿真场景，通过添加物体库，放入垃圾箱、雪糕桶，甚至是人偶等物体来模仿现实世界，还可以通过 Building Editor 添加 2D 的房屋设计图，在设计图基础上构建出 3D 的房屋。

3）构建传感器仿真模型

Gazebo 拥有一个很强大的传感器模型库，包括 camera、depth camera、laser、imu 等机器人常用的传感器，并且已经有模拟库可以直接使用，也可以自己从零创建一个新的传感器，添加它的具体参数，甚至还可以添加传感器噪声模型，让传感器更加真实。

4）为机器人模型添加现实世界的物理性质

Gazebo 里有 force、physics 选项，可以为机器人添加如重力、阻力等，Gazebo 有一个很接近真实的物理仿真引擎，要记得一般的地面是没有阻力的，和现实世界有区别。

3. Gazebo 的安装方法

如果安装完整版的 ROS，那就已经默认安装了 Gazebo，否则可用以下命令安装：

```
sudo apt-get install ros-kinetic-gazebo-ros-pkgs ros-kinetic-gazebo-ros-control
```

安装完成后，在终端中使用以下命令启动 ROS 和 Gazebo：

```
roscore
rosrun gazebo_ros gazebo
```

如果发生 Gazebo 闪退现象，请使用以下命令关掉硬件加速 GPU 选项：

```
echo "export SVGA_VGPU10=0" >> ~/.bashrc
source ~/.bashrc
```

Gazebo 启动成功后的界面如图 2-72 所示。

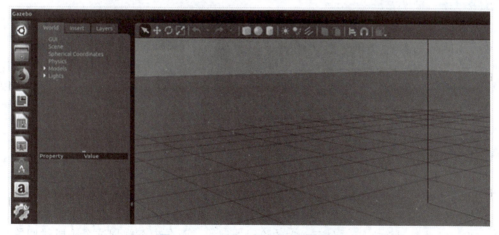

图 2-72 Gazebo 启动成功后的界面

Gazebo 通过 URDF 文件将机器人模型导入仿真环境中，接下来介绍如何得到 URDF 文件。

首先需要知道什么是 URDF 文件。URDF（Unified Robot Description Format）文件，是一种特殊的 xml 文件格式，作为机器人的一种描述文件，在 ROS 里面大量使用，在仿真中用的最多，用于创建机器人的仿真模型。

下面简单介绍模型转换一般步骤：

（1）将模型用 SolidWorks 打开。

不同模型可能是用不同软件制作的，所以我们采用 stp 通用格式。首先用 SolidWorks 将 stp 模型打开，由于没有了装配关系，需要将机器人重新装配为一个组件。如果模型本来就是用 SolidWorks 设计的可以直接进入下一步。

（2）为每个关节添加坐标与旋转轴。

添加坐标遵循每个零件对应一个坐标的原则，旋转轴取在上一个杆件，下一个杆件的坐标 z 轴要与旋转轴重合。

（3）为每个零件添加材质。

由于仿真采用简化模型，每个零件和实际的零件体积有差异，所以先把材质设为 ABS 以使模型的质量和机器人实际的质量接近，如果还是不合适，则可以从生成的 URDF 文件中直接修改。单独打开零件，在左侧设计树右击材质选择编辑材料，选择密度较小的塑料材质。

（4）安装 SolidWorks to URDF Exporter 插件。

在 http://wiki.ros.org/sw_urdf_exporter 下载并安装 SolidWorks to URDF Exporter 插件，安装之后再打开 SolidWorks，会在菜单栏上的自定义选项旁边箭头下找到"插件"，单击选择"SW2URDF"插件，单击"确定"加载。

（5）为每个 Link 配置关节、坐标系、旋转轴等信息并导出 URDF 模型文件夹。

打开添加好坐标系和旋转轴的机器人模型，从工具中找到 File 下的 Export as URDF 并单击。最后导出 URDF 模型文件夹。

🔄 【项目实施】

任务准备

1. 准备设施/设备

2.4 GHz 无线网络、智能人形机器人、无线键盘、无线鼠标、配套传感器、HDMI 线、计算机（已安装树莓派 Raspbian 系统、Linux 系统、Python 环境）、手机（已安装 Yanshee APP）。

2. 检查设施/设备

检查 Yanshee 机器人开关机是否正常；

检查 Yanshee 机器人联网是否正常；

检查 Yanshee 机器人各舵机是否正常。

任务实施

1. 控制机器人跨越障碍

首先要知道的是在步态规划这一阶段并不会涉及机器人每个关节具体怎么运动的，角度是多少，这些都是放在正逆向运动学的阶段处理的，而在步态规划这个阶段我们关心的是左右脚的位置及姿态、质心位置及上半身姿态。另外步行方式可分为静态步行和动态步行，在静态步行中，机器人的质心在地面上的投影始终不超越支撑多边形的范围；而在动态步行中，质心的投影在某些时刻可以越离支撑多边形。静态步行规划简单、不容易摔倒，但是行走速度较慢，动态步行可以提高行走速度，但比较复杂。下面以静态步行模式为例说明左右脚及质心的规划。

以机器人直立静止时质心在地面上的投影建立三维坐标系，向前为 x，向左为 y，向

上为 z。以机器人向前走两个步长为例，一共分以下几个步骤：

（1）重心移到左脚；

（2）抬起右脚迈一个步长到下个落脚点；

（3）重心移到右脚；

（4）抬起左脚迈两个步长到下个落脚点；

（5）重心移到左脚；

（6）抬起右脚迈一个步长到下个落脚点；

（7）重心移回中间，恢复直立状态。

使用质心坐标和左右脚的位置坐标三点规划，来完成一个基本的向前走步态。代码中，通过改变质心 y 坐标值来调整机器人腰部左右摆动的动作。然后当质心坐标摆到左边的时候，设置机器人右脚的 z 坐标值增大，让它抬起右脚，同时右脚 x 坐标值增大一个 SPEED 距离，也就是让机器人右脚向前迈一步。当质心坐标摆到右边的时候，设置机器人左脚的 z 坐标值增大，同时左脚 x 坐标值增大一个 SPEED 距离，也就是让机器人左脚也向前迈一步。与此同时机器人质心的横坐标 x 也同样向前移动相应的距离，完成三点坐标值规划步态的目的。而胳膊部分我们只是让机器人左右胳膊的第一个关键循环摆动，其他关节保持初始值不变，形成了边走边摆胳膊的简单动作。

最后，通过调用腿部逆向运动学接口 IK_1eg 函数求得对应姿态位置的腿部十个关节的角度值，使用 ROS 消息的形式发送给"hal_angles_set"消息，进而控制舵机做相应的动作。

下面通过步态规划原理实现 Yanshee 机器人向前迈步的基本步态。具体通过质心加上左右足三点坐标值的时间移动来完成动态规划。

工程下载地址：https：//github. com/shaoyiwork/Yanshee_Gait。

下载程序包，并进入工作目录执行以下命令：

```
cd Yanshee_Gait
source /mnt/yanshee/setup. bash
catkin_make
source devel/setup. bash
rosrun ik_test ik_test_node
```

2. 机器人 Gazebo 运动仿真

通过 ROS 中的 Gazebo 工具来对 Yanshee 机器人进行上臂仿真，先将常用的 3D 模型转换成 URDF 模型文件，然后用 Gazebo 打开模型文件，添加相关标签并配置控制器，最后通过 ROS 节点消息编程驱动关节运动，完成仿真。我们将通过 URDF 模型文件夹导入 Gazebo 工具对机器人进行手臂仿真。

（1）修正模型 package 文件夹内容。

在 Ubuntu 中创建一个工作空间，将已有的 Yanshee 模型文件夹复制到工作空间 src 下，需要修正的地方有三个：

① 将 package. xml 中<maintainer email="">""中的内容修改为作者邮箱；

② 将 URDF 文件夹名称改为 robots；

③ 将 display. launch 里的<arg name="gui" default="False">中"False"改为"True"。

（2）用 Rviz 打开模型。

打开一个终端，输入以下命令：

```
roslaunch yanshee display.launch
```

打开 Rviz 后单击界面左下角的 Add，添加 RobotModel 和 TF 的显示，如图 2-73 所示。

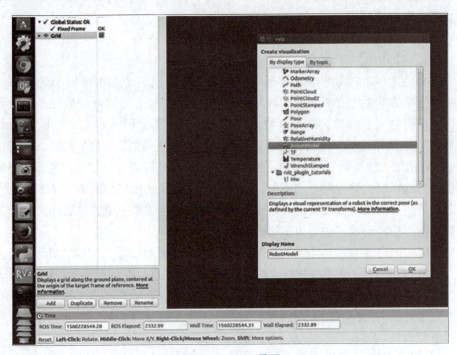

图 2-73　Rviz 界面

如图 2-74 所示，模型在 Rviz 中显示了出来，可以通过拖动 Joint State Publisher 窗口中每个关节的滑块来调整关节角度，按 Ctrl+C 关闭 Rviz。

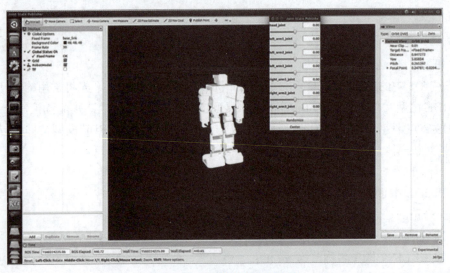

图 2-74　机器人模型显示图

（3）用 Gazebo 打开模型。

打开一个终端，输入以下命令：

```
roslaunch yanshee gazebo.launch
```

如图 2-75 所示，模型在 Gazebo 中显示出来，但是由于没有控制信号的输入，模型会有些抖动。

图 2-75　机器人模型在 Gazebo 显示图

（4）在 Yanshee. URDF 中添加 Gazebo 需要的标签。

<gazebo>标签用于描述机器人模型在 Gazebo 中仿真所需要的参数，包括机器人材料的属性、Gazebo 插件等。该标签不是机器人模型必须的部分，只有在 Gazebo 仿真时才需加入。

首先添加 Gazebo 插件，在 robot 标签 name 属性后添加以下内容：

```
<gazebo>
<plugin filename="libgazebo_ros_control.so" name="gazebo_ros_control">
 <robotNamespace>/yanshee</robotNamespace>
 <robotSimType>gazebo_ros_control/DefaultRobotHWSim</robotSimType>
</plugin>
</gazebo>
```

在身体头部和手臂的每个 link 标签后添加<gazebo>标签，例如为 base_link 添加<gazebo>标签，在<link name="base_link">……</link>后添加以下内容：

```
<gazebo reference="base_link">
</gazebo>
```

在身体头部和手臂的每个 joint 标签后添加<gazebo>标签，例如为 head_joint 添加<gazebo>标签，在<joint name="head_joint">……</joint>后添加以下内容：

```
<gazebo reference="head_joint">
  <implicitSpringDamper>true</implicitSpringDamper>
</gazebo>
```

新建一个 fixed 类型的 world_joint，使 base_link 固定不动，在 base_link 前加入以下内容：

```
<link name="world"/>
<joint name="world_joint" type="fixed">
<parent link="world"/>
<child link="base_link"/>
<origin rpy="0.0 0.0 0.0" xyz="0.0 0.0 0.285"/>
</joint>
```

（5）配置控制器。

为每个需要仿真运动的关节添加<transmission>标签，例如为 head_joint 添加<transmission>标签，在<gazebo reference="head_joint">……</gazebo>后添加以下内容：

```
<transmission name="head_tran">
 <type>transmission_interface/SimpleTransmission</type>
 <joint name="head_joint">
   <hardwareInterface>PositionJointInterface</hardwareInterface>
 </joint>
 <actuator name="head_motor">
   <hardwareInterface>PositionJointInterface</hardwareInterface>
   <mechanicalReduction>1</mechanicalReduction>
 </actuator>
</transmission>
```

创建新的功能包 yanshee_gazebo，输入以下命令：

```
cd ~/yanshee_ws/src
catkin_create_pkg yanshee_gazebo
```

按照所给例程中的文件内容修改 package.xml 内容，并添加 launch 文件与 config 文件，可以将例程中的 config 文件夹和 launch 文件夹直接复制到自己的工程中。其中 config 目录下的两个 yaml 文件是用来配置每个关节的控制器及控制类型的，在本次仿真学习中我们采用位置控制类型：position_controllers/JointPositionController。launch 目录下是功能包的启动文件，运行 yanshee_gazebo.launch 可以启动所有需要的节点。

（6）通过简单代码驱动 Gazebo 环境中的机器人。

在 yanshee_gazebo/src 目录下新建 control.cpp 文件。

代码内容如下：

```
#include <sstream>
#include "ros/ros.h"
#include "std_msgs/String.h"
#include "std_msgs/Float64.h"

enum link_list
{
    head_pub = 0,
    l_arm1,
    l_arm2,
    l_arm3,
    r_arm1,
    r_arm2,
    r_arm3,
    link_num,
};

int main(int argc,char **argv)
{
    ros::init(argc,argv,"control");

    ros::NodeHandle n;

    ros::Publisher yanshee_pub[link_num];

    yanshee_pub[head_pub] = n.advertise<std_msgs::Float64>
("/yanshee/head_position_controller/command",100);

    yanshee_pub[l_arm1] = n.advertise<std_msgs::Float64>
("/yanshee/left_arm1_position_controller/command",100);
    yanshee_pub[l_arm2] = n.advertise<std_msgs::Float64>
("/yanshee/left_arm2_position_controller/command",100);
    yanshee_pub[l_arm3] = n.advertise<std_msgs::Float64>
("/yanshee/left_arm3_position_controller/command",100);
    yanshee_pub[r_arm1] = n.advertise<std_msgs::Float64>
("/yanshee/right_arm1_position_controller/command",100);
    yanshee_pub[r_arm2] = n.advertise<std_msgs::Float64>
("/yanshee/right_arm2_position_controller/command",100);
    yanshee_pub[r_arm3] = n.advertise<std_msgs::Float64>
("/yanshee/right_arm3_position_controller/command",100);

    std_msgs::Float64 msg[link_num];
```

```
    for(int i = 0;i<link_num;i++)
    {
        msg[i].data = 0;
    }
    float time = 0;
    ros::Rate loop_rate(100);
    while(ros::ok())
    {
        for(int i = 0;i<link_num;i++)
        {
            yanshee_pub[i].publish(msg[i]);
        }

        msg[l_arm1].data=3.14*(sin(time))/2;
        msg[r_arm1].data=-3.14*(sin(time))/2;
        ROS_INFO("data:%f",msg[l_arm1].data);
        ros::spinOnce();
        loop_rate.sleep();
        time+=0.02;
    }
    return 0;
}
```

control. cpp 中启动了一个名为"control"的节点，新建一个个数为 7 的 publish 数组，分别对应 7 个控制器的话题，只要给每个关节对应的话题发布消息，Gazebo 中的机器人就会运动。例程中的代码通过正弦曲线控制左右臂的第一个关节，使机器人实现摆臂的简单动作。

（7）修改 CMakeLists. txt。

在 yanshee_gazebo 下的 CMakeLists. txt 中添加 control. cpp 的编译过程，内容为：

```
add_executable(control src/control.cpp)
target_link_libraries(control ${catkin_LIBRARIES})
add_dependencies(control ${PROJECT_NAME}_generate_messsages_cpp)
```

编译过程并运行 Gazebo 和 control，运行以下命令：

```
cd ~/yanshee_ws
catkin_make
source ~/yanshee_ws/devel/setup.bash
roslaunch yanshee_gazebo yanshee_gazebo.launch
```

如果遇到 Gazebo 打开失败或错误，请运行 killall gzserver 和 killall gzclient 命令来终止所有历史服务。然后再次运行 Gazebo 节点，此时 Gazebo 开始运行，打开新的终端运行命令：

```
source ~/yanshee_ws/devel/setup.bash
rosrun yanshee_gazebo control
```

可以看到此时机器人开始摆臂，感觉机器人开始"活"起来了，如图 2-76 所示。

图 2-76　机器人模型图

任务评价

完成本项目中的学习任务后，请对学习过程和结果的质量进行评价和总结，并填写评价反馈表，如表 2-3 所示。自我评价由学习者本人填写，小组评价由组长填写，教师评价由任课教师填写。

表 2-3　评价反馈表

班级		姓名		学号		日期	
自我评价	1. 能够说出机器人常见的几种行走机构					□是	□否
	2. 能够说出双足机器人正向、逆向运动学原理					□是	□否
	3. 能够通过机器人步态算法控制机器人跨越障碍					□是	□否
	4. 能够通过 Gazebo 控制机器人运动仿真					□是	□否
	5. 是否能按时上、下课，着装规范					□是	□否
	6. 学习效果自评等级					□优　□良　□中　□差	
	7. 在完成任务的过程中遇到了哪些问题？是如何解决的？						
	8. 总结与反思						
小组评价	1. 在小组讨论中能积极发言					□优　□良　□中　□差	
	2. 能积极配合小组完成工作任务					□优　□良　□中　□差	
	3. 在查找资料信息中的表现					□优　□良　□中　□差	
	4. 能够清晰表达自己的观点					□优　□良　□中　□差	
	5. 安全意识与规范意识					□优　□良　□中　□差	
	6. 遵守课堂纪律					□优　□良　□中　□差	
	7. 积极参与汇报展示					□优　□良　□中　□差	
教师评价	综合评价等级： 评语： 教师签名：　　　　日期：						

当你走过装有声控灯的走廊时，随着脚步声响起可以看到灯逐个亮起，这究竟是怎么实现的呢？这就是传感器，一种能感受到被测量信息的检测装置，并能将感受到的信息按一定规律变换成电信号或其他所需形式的信息输出，以满足信息的传输、处理、存储、显示、记录和控制等要求，也是让机器人更像一个人的关键部件。传感器相当于机器人的触觉、听觉、视觉甚至嗅觉、味觉等，通过多种传感器能够让机器人实现与外部环境的交互。

当代社会越来越多的场景用到了传感器，传感器相当于机器人的触觉，我们可以通过多种传感器来让机器人达到感知环境的目的。距离传感器让机器人知道周围的障碍物，温度传感器让机器人知道周围的温度，触摸传感器让机器人知道是否被触摸，压力传感器让机器人感知所受的压力，颜色传感器让机器人看到物体的颜色，等等。传感器就是为了让机器人真正更像人的一个非常关键的部件。广义来讲，视觉和听觉都是传感器的一部分。回到红外传感器，比如波士顿机器狗是如何实现避障的？扫地机器人是如何避开家居扫地的？机器蜘蛛是如何跨越障碍物而到达目的地的？这些都跟距离传感器有关系，没有传感器的机器人相当于没有知觉的人类。从这一模块起我们将陆续介绍 Yanshee 机器人身上六种智能传感器。

本模块将带领大家一起学习机器人常用传感器的基本概念、工作原理以及应用方法，探索传感器的奥秘。

项目 3.1　读取机器人测距数据

通过本课程你可以学到除一些物理概念之外，还有什么叫红外传感器，在生产生活中人们为什么会使用传感器，而红外传感器又是如何在机器人 Yanshee 身上使用的。你将学会红外传感器的使用方法和应用场景。最后，通过一个有趣的手掌游戏，你会发现原来也可以拥有"魔力般的掌法"。

【学习目标】

知识目标

➤ 熟悉红外传感器的原理；

➤ 熟悉超声波传感器的原理；

➢掌握红外传感器相关的 API。

技能目标

➢掌握通过 Python 编写程序调用 API，读取红外传感器数据；

➢掌握通过 Python 编写程序调用 API，实现魔法手掌游戏。

素质目标

➢通过介绍我国传感器技术的快速发展，增强学生的民族自豪感；

➢通过分析红外光谱技术的应用场景，深入了解它在环境保护、食品安全、药物研发等方面的重要作用。

【项目任务】

本任务将基于 Yanshee 机器人，学习传感器技术、机器人传感器技术，以及红外传感器工作原理、超声波传感器的工作原理等内容，学习使用 Yanshee 机器人红外传感器相关的 API，通过 Python 编写程序读取机器人测距传感器数据。

【知识储备】

3.1.1 传感器技术

1. 传感器的概念

传感器是一种检测装置，能将感受到的被测量按一定规律变换成为电信号或其他所需形式的信号输出，以满足信息的传输、处理、存储、显示、记录和控制等要求。生活中常见传感器的应用场景如图 3-1 所示。

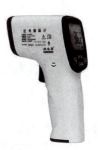

图 3-1　生活中常见传感器的应用场景

2. 传感器的组成

传感器一般由敏感元件、转换元件和变换电路三部分组成，有时还加上辅助电源，其组成框图如图 3-2 所示。敏感元件是直接感受被测量，并输出与被测量成确定关系的某一物理量的元件。转换元件是传感器的核心元件，以敏感元件的输出为输入，把感知的非电量转换为电信号输出。转换元件本身可以作为独立传感器使用，故也叫作元件传感器。变换电路是指把传感元件输出的电信号转换成便于处理、控制、记录和显示的有用电信号所涉及的有关电路。

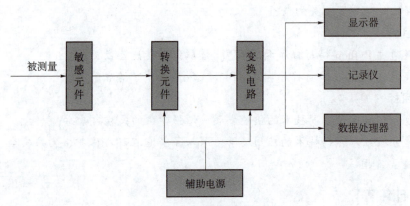

图 3-2   传感器的组成框图

3. 传感器的分类

1）按被测物理量划分

根据被测量的性质进行分类，如被测量分别为温度、湿度、压力、位移、流量、加速度、光，则对应的传感器分别为温度传感器、湿度传感器、压力传感器、位移传感器、流量传感器、加速度传感器、光电传感器。常见的其他被测量还有力矩、质量、浓度、颜色等，其相应的传感器一般以被测量命名。这种分类方法的优点是能比较明确地表达传感器的用途，为使用者提供了方便，可方便地根据测量对象选择所需要的传感器；其缺点是没有区分每种传感器在转换机理上有何共性和差异，不便于使用者掌握其基本原理及分析方法。

2）按工作原理划分

根据传感器工作原理划分，将物理、化学、生物等学科的原理、规律和效应作为分类的依据，可将传感器分为电阻式、电感式、电容式、阻抗式、磁电式、热电式、压电式、光电式、超声式、微波式等类别。这种分类方法有利于传感器的使用者和专业工作者从原理和设计上做深入分析研究。

3.1.2   机器人传感器

1. 智能机器人与传感器技术

机器人一般有相当于人脑的思维子系统，相当于眼睛、皮肤、耳等功能的感觉子系统，相当于手脚功能的运动子系统。人脑、手足、皮肤、眼睛、耳、舌等的功能在机器人中分别对应于判断、控制、把握、行走、触觉、视觉、听觉、味觉等，各种功能之间有着很强的关联性和依赖性。而使这些功能得以充分发挥的是传感器，例如机器人装配作业，一般要有决定零件安装位置的距离传感器、检测零件形状的视觉或触觉传感器，以及能检测手的把握状态和安装状态的滑觉传感器和力觉传感器。机器人能够根据从这些传感器获取的信息做出判断、控制并进行有效工作。

我国智能机器人的研究重点在于特种机器人，特种机器人在危险或恶劣环境下工作，要求具有一定的自主能力，这种自主性有赖于感知信息的提供。例如，我国水下机器人的研究已达到国际先进水平，中国科学院沈阳自动化研究所研制了 1 000 m 和 6 000 m 无人无缆水下机器人和中、小型有缆水下机器人。有缆水下机器人已经形成了系列产品，但由于水下的特殊环境，国内外水下机器人均未见到有完善的力感知系统，使得没有力传感器的水下机器人仍以观察型为主，使水下机器人的应用受到了很大的局限，这也制约着我国作业型水下机器人应用的进一步提高。

在机器人研究前沿中，我国已经建立了若干个研究实验平台，如水下机器人实验平台（中国科学院沈阳自动化研究所）、步行机器人实验平台（哈尔滨工业大学和中国人民解放军国防科技大学）、机器人装配实验平台（上海交通大学）等，这些实验平台的建立为机器人学相关领域的研究和发展提供了良好的基础。但缺少机器人传感器实验平台不能不说有一点缺憾。值得欣慰的是，在"863"机器人技术主题的支持下，中国科学院合肥智能机械研究所正在构筑一个面向各种先进机器人传感器及系统的实验研究平台。

机器人传感器主要包括机器人视觉、力觉、触觉、接近觉、距离觉、姿态觉、位置觉等传感器，由于机器人视觉研究的重要性和复杂性，一般将机器人视觉研究单独列为一个学科，所以我们讨论的机器人传感技术主要是指机器人非视觉传感技术。与大量使用的工业检测传感器相比，机器人传感器对传感信息的种类和智能化处理的要求更高。无论研究与产业化，均需要有多种学科专门技术和先进的工艺装备作为支撑。

临场感技术是以人为中心，通过各种传感器将远地机器人与环境的交互信息（包括视觉、力觉、触觉、听觉等）实时地反馈到本地操作者处，生成和远地环境一致的虚拟环境，使操作者产生身临其境的感受，从而实现对机器人带感觉的控制，完成作业任务。临场感的实现不仅可以满足高技术领域发展的急需，如空间探索、海洋开发，以及原子能应用，而且可以广泛地应用于军事领域和民用领域，因此，临场感技术已成为目前机器人传感技术研究的热点之一。

2. 我国机器人传感器技术发展

经过数年的努力，我国机器人传感技术在原有的相关研究基础近乎空白的情况下，有了长足的进步，研究和发展均取得了可喜的成就。

在我国机器人传感技术发展的历程中，"863"智能机器人传感技术网点实验室发挥了重要作用。该实验室是"863"智能机器人主题的七个网点实验室之一，依托于中国科学院合肥智能机械研究所，于1988年筹建，1991年初步建成并对外开放运行。自1991年以来，实验室组织全国10多个大学和科研单位的研究人员，资助各类传感器及相关技术的研究课题40多项。这些课题主要是对智能机器人主题下达的基础研究和应用开发课题的补充和支撑，课题内容涉及机器人的多维力觉、触觉、滑觉、距离觉、姿态觉、温觉及视觉应用等传感器的研究，采用了力学、电子学、光学、机械、超声、生物等多种技术，应用了专家系统、神经网络、模糊理论、信息融合等方法，使我国机器人传感器研究的布局更全面合理，为机器人传感器的研究和发展奠定了技术基础。实验室支持的多数课题的研究成果，或解决了当前机器人研究的燃眉之急，或填补了国内相关方面研究的空白，取得了一批具有国际先进水平的成果，具备了小批量制造一些先进传感器的能力，其技术内容几乎覆盖了机器人传感技术的全部，并培养和组建了一支初具规模的研究队伍。

我国机器人传感器的主要代表如下：

1）六维力/力矩传感器系列

六维力传感器是机器人最重要的外部传感器之一，它能同时获取三维空间的全部力分量信息，被广泛用于力/位置控制、轴孔配合、轮廓跟踪及双机器人协调等机器人控制之中。20 世纪 80 年代末，西方巴黎经济统筹委员会还对我国和东欧各国禁运该类产品。中国科学院、国家自然科学基金委员会、国家"863"计划等先后多次资助该类项目的研究，研究成果包括：六维腕力传感器、六维/多维指力传感器、六维/多维脚力传感器等，其中中国科学院合肥智能机械研究所研制的 SAFMS 型系列六维腕力/指力传感器已成为国内各智能机器人研究单位的首选，并有少量输出海外。

2）触觉传感器系列

触觉传感器通过接触方式去感知目标物的表面形貌特征、接触力信息，进而实现目标识别、判别接触位置以及有无滑动的趋势等，是一种与视觉互补的感觉功能。我国已研制成功光学阵列触觉传感器、触觉临场感实验系统、多功能类皮肤触觉传感器、主动式触觉实验系统、机器人自动抓握和分类物体系统等，这些成果在利用新技术、新工艺、新方法等方面都取得了突破性进展。

3）位置/姿态传感器系列

位置/姿态传感器用于对机器人和机器人末端执行器的位置和姿态的判断。我国已成功研制出气流式倾角传感器，液体倾角传感器，激光轴角编码器，超声波、激光、红外测距传感器等，其中气流式倾角传感器已用于机器人姿态控制；$\phi58$ mm 光学倍频激光轴角编码器，无电细分的原始角分辨率达到 162 000 脉冲，将我国机器人位置传感器的制造技术带入世界先进水平行列。

4）带有力和触觉临场感的机器人装配作业平台

该平台实现了操作员操作机器人主手，通过远距离的从手完成目标搜索、抓取操作时有亲临作业现场的力/触感觉；首次实现了六维腕力传感器的动态补偿，使其动态响应小于 5 ms；将运动视觉与超声测距相结合的方法用于机器人作业中的工件识别、定位与抓取，使机器人作业能适应非结构化环境和复杂的工艺过程。

3. 认识 Yanshee 机器人传感器

机器人传感器是一种能把机器人目标特性（或参量）转换为电量的输出装置，机器人通过传感器可实现类人感知功能。根据传感器在机器人本体的位置不同，一般将机器人传感器分为内部传感器和外部传感器两大类。

1）Yanshee 机器人内部传感器

内部传感器一般用于测量机器人的内部参数，其主要作用是对于机器人的运动学和力学的相关参数进行测量，让机器人按设置的位置、速度和轨迹进行工作。内部传感器包括位置传感器、速度传感器、加速度传感器以及角速度传感器等。常用于服务机器人的内部传感器见表 3-1，Yanshee 机器人内置了陀螺仪传感器，后续会有详细介绍。

表 3-1　常用于服务机器人的内部传感器

序号	内部传感器	功能	设计的机器人参数
1	电位器	得到电动机的转动位置	位置
2	编码器	将位置与角度转换为数字	位置、角度
3	GPS 模块	全球定位	获取机器人的位置
4	陀螺仪传感器	速度、加速度	角速度、角加速度

2）Yanshee 机器人外部传感器

机器人的外部传感器相当于人的感觉器官，通常用于测量机器人所处的外部环境参数，实现机器人与外界环境交互。例如，接近觉传感器能感受外界物体，可将其正对面物体的距离反馈给机器人。常用于服务机器人的外部传感器见表 3-2，Yanshee 机器人可以外接红外传感器、超声波传感器、温度传感器、压力传感器等，后续会有详细介绍。

表 3-2　常用于服务机器人的外部传感器

序号	外部传感器		功能及应用场景
	类型	名称	
1	触觉	接触觉传感器	按钮、微动开关、电容触摸式传感器
2		压力传感器	电阻式、电容式、电感式
3		滑觉传感器	无方向性、单方向性和全方向性
4		拉伸觉传感器	测量手指拉伸、弯曲
5		温湿度传感器	测量温度及湿度
6	接近觉	接近觉传感器	红外传感器、超声波传感器、激光测距传感器
7	嗅觉	仿生嗅觉传感器	烟雾传感器、酒精传感器
8	听觉	麦克风	电容式麦克风、动圈式麦克风及铝带式麦克风
9		麦克风阵列	麦克风阵列
10	视觉	普通图像传感器	CCD、CMOS
11		智能图像传感器	双目相机、激光雷达

3.1.3　红外传感器

1. 红外光

红外光，又称红外辐射，是介于可见光和微波之间、波长范围为 $0.76 \sim 1\,000\ \mu m$ 的红外波段的电磁波，如图 3-3 所示。它是频率比红光低的不可见光。在物理学中，凡是高于绝对零度（0 K，即 -273.15 ℃）的物质都可以产生红外线（以及其他类型的电磁波）。

医用红外线可分为两类：近红外线与远红外线。红外线具有热效应，能够与大多数分子发生共振现象，将光能（电磁波的能量）转化为分子内能（热能），太阳的热量主要是通过红外线传到地球上的。

在电磁波谱中，把位于红光之外，频率比可见光低，比微波高的辐射叫作红外线。红外线肉眼看不见，属于不可见光。

红外光是一种波长在 700 nm ~ 1 mm 的电磁波，由于其在人类眼睛看不到的频率范围内，因此对我们的生活有着许多极为重要的用途。下面将介绍一些红外光的应用。

1）医疗应用

医疗领域是红外光的一个重要应用领域，它可以用于诊断和治疗。例如，红外成像技术可以帮助医生诊断并监测身体的状况，而红外光治疗则可以用于治疗关节炎、肌肉疼痛和其他许多常见疾病。此外，红外激光手术是一种非侵入性的手术方法，广泛应用于眼科及皮肤病治疗等。

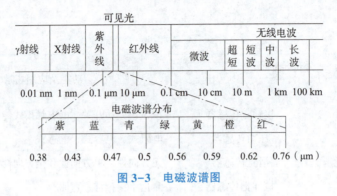

图 3-3　电磁波谱图

2）安全检测

红外光也被广泛应用于安全检测领域，例如可以用于烟雾与气体检测和火灾预警系统。红外成像技术也被用于无人机、卫星和其他飞行器的航拍，以监测有可能出现故障的地区。

3）环境保护

红外光还可以用于环境保护。例如，对于化石燃料的燃烧排放物，我们可以使用红外光谱测量来分析大气中的二氧化碳、甲烷等温室气体的浓度，从而开展全球气候变化研究。此外，现代固废处理设备中也广泛使用了红外线技术，以检测和分离有害或无用的固体材料。

4）夜视技术

红外光夜视技术可以看到人眼不能看到的夜晚情景。例如，现今军队将这项技术广泛应用于远程观察、警戒和监视，以确保士兵的安全和战场的情景感知。

5）智能家居

红外线技术也在智能家居设备中扮演着重要的角色，例如智能家居项目控制、照明控制以及感应开关等。红外线遥控设备可以用于家用电器，使居住空间更加舒适和便利。

在现代生活中，红外技术的应用非常重要，并得到了广泛的应用。这项技术的应用领域非常广泛，包括医疗、安全、环境保护、夜视和智能家居等多个领域，随着技术的进一步发展和应用的推广，红外技术会为我们的生活带来更多的便利和实用。

2. 红外传感器原理

红外辐射的物理本质是热辐射。物体的温度越高，辐射出来的红外线越多，红外辐射的能量就越强。研究发现，太阳光谱各种单色光的热效应从紫色光到红色光是逐渐增大的，而且最大的热效应出现在红外辐射的频率范围内，因此人们又将红外辐射称为热辐射或热射线。

红外传感器主要利用光电效应将红外光转化为电信号，如图 3-4 所示。光电效应是指光子与物质相互作用，使得物质吸收光子能量并释放出电子，从而产生电流。红外传感器通常采用热电偶或光电二极管等敏感元件来探测红外光，这些敏感元件能够将吸收的光能转化为电能，从而实现对外界环境的感知。

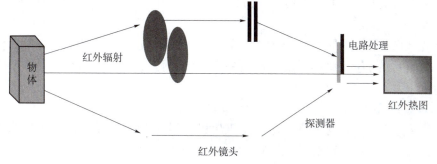

图 3-4　红外传感器原理图

3. 红外传感器测距原理

红外传感器测距工作原理就是利用红外信号遇到障碍物距离的不同反射的强度也不同的原理，进行障碍物远近的检测，如图 3-5 所示。红外测距传感器具有一对红外信号发射与接收二极管，发射管发射特定频率的红外信号，接收管接收这种频率的红外信号，当红外信号的检测方向遇到障碍物时，红外信号反射回来被接收管接收，经过处理之后，通过数字传感器接口返回到机器人主机，机器人即可利用红外的返回信号来识别周围环境的变化。红外传感器默认频率为 10 Hz。

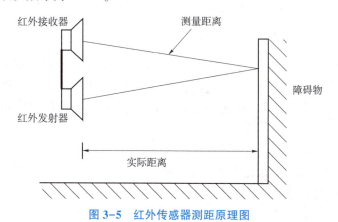

图 3-5　红外传感器测距原理图

3.1.4　超声波传感器

1. 超声波

在自然界中，蝙蝠分辨声音的本领很高，耳内具有超声波定位的结构。蝙蝠是唯一能真正飞行的哺乳动物，非常适合在黑暗中生活，它的眼睛几乎不起作用，通过发射超声波并根据其反射的回音辨别物体。飞行的时候由口和鼻发出一种人类听不到的超声波，遇到昆虫后会反弹回来，蝙蝠用耳朵接收后，就会知道猎物的具体位置，从而前往捕捉。如果是小飞虫，它会毫不客气地吃掉，如果是障碍物，它就会改变方向，朝没有反射超声波的方向飞去。机器人也想拥有这种能力，于是超声波传感器被引入机器人技术。

超声波是一种频率高于 20 000 Hz 的声波，它的方向性好、穿透能力强，易于获得较集中的声能，在水中传播距离远，可用于测距、测速、清洗、焊接、碎石、杀菌消毒等，在医学、军事、工业、农业上有很多的应用。超声波因其频率下限大于人的听觉上限而得名。

反射波是指波动在不同密度的媒质分界面发生反射与折射，反射波并没有发生半波损失；分界两侧的媒质密度之差是决定波动的反射量与折射量的原因之一，媒质密度差越大，反射量越大，反之折射量越大。

2. 超声波传感器原理

超声波传感器是一种利用超声波的物理特性进行测量的传感器。以下是对超声波传感器原理的详细介绍，主要包括以下几个方面：

1）超声波产生

超声波产生是超声波传感器的一个重要组成部分。超声波是指频率高于 20 000 Hz 的声波，人耳无法听到。超声波的产生通常通过压电效应实现。压电晶体在受到外部电场作用时会产生形变，这种形变反过来又会产生电场，从而在晶体中激发超声波。此外，还可以通过电磁感应、静电感应等方式产生超声波。

2）超声波传播

超声波传播是超声波传感器正常工作的另一个重要因素。超声波的传播与普通声波类似，需要介质（如空气、水或其他物质）进行传播。在传播过程中，超声波会受到介质的阻尼作用而逐渐衰减。在某些特定情况下，比如在高温、高压或高湿度的环境下，超声波的传播特性会发生变化。

3）超声波接收

超声波接收是指将反射回来的超声波转化为电信号的过程。超声波接收器通常采用压电晶体或电容式传感器进行接收。当超声波经过反射面反射后，会再次作用于压电晶体或电容极板，从而在传感器内部产生电信号。这个电信号的大小与反射回来的超声波的能量有关。

4）信号转换

信号转换是将接收到的电信号转换为更易于处理的信号形式。在超声波传感器中，通常需要进行信号转换，将电信号转换为电压信号或电流信号，以方便后续处理。信号转换通常由放大器、滤波器等组件完成，以确保信号的质量和稳定性。

5）信号处理

信号处理是进一步对转换后的信号进行分析和处理的过程。在超声波传感器中，需要对接收到的信号进行处理，以提取有用的信息。例如，可以对信号进行处理以去除噪声、增强信号、提取特征值等。此外，信号处理还可以包括对信号进行数字化转换，以便于进行更复杂的分析和处理。

6）数据分析

数据分析是对处理后的信号进行解析、统计、可视化等操作的过程。通过对接收到的超声波信号进行分析，可以提取出有用的信息，例如距离、位置、速度等参数。数据分析可以采用各种算法和工具，例如傅里叶变换、小波变换、矩阵运算等，以实现对信号的高效分析和处理。此外，数据分析还可以将处理后的数据可视化，以便于直观地观察和分析结果。

超声波传感器是一种利用超声波进行测量的传感器，具有测量精度高、抗干扰能力强、响应速度快等优点。它主要应用了包括超声波产生、传播、接收，信号转换，信号处理和数据分析等方面的原理。通过对这些原理的深入了解，可以更好地设计和应用超声波传感器，提高测量系统的精度和性能。

超声波发射器向某一方向发射超声波，在发射时刻的同时开始计时，超声波在空气中传播，途中碰到障碍物就立即返回来，超声波接收器收到反射波就立即停止计时，超声波在空气中的传播速度为 340 m/s，根据计时器记录的时间 t，就可以计算出发射点距障碍物的距离（s），即 $s = 340t/2$。这就是所谓的时间差测距法，如图 3-6 所示。超声波传感器默认频率为 10 Hz。

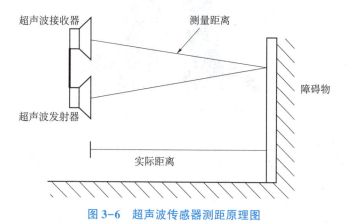

图 3-6 超声波传感器测距原理图

【项目实施】

任务准备

1. 准备设施/设备

2.4 GHz 无线网络、智能人形机器人、无线键盘、无线鼠标、配套传感器、HDMI 线、计算机（已安装树莓派 Raspbian 系统、Linux 系统、Python 环境）、手机（已安装 Yanshee APP）。

2. 检查设施/设备

检查 Yanshee 机器人开关机是否正常；

检查 Yanshee 机器人联网是否正常；

检查 Yanshee 机器人各舵机是否正常。

任务实施

1. 安装机器人传感器

机器人 Yanshee 的传感器配件包（包括红外/温湿度/压力/触碰传感器）都是独立于机器人本体存在的。想要正确使用外接传感器，需要将其连接到机器人本体上的磁吸式开放接口上，Yanshee 上有 6 个磁吸式 POGO 4PIN 开放接口，支持多种外接传感器拓展。磁吸式开放接口除了位置之外没有功能区别，只需要分清磁石的正、负极，能实现吸附即为安装正确。磁吸式开放接口位置如图 3-7 所示。

图 3-7　磁吸式开放接口位置

2. 红外传感器数据读取方法

在 Yanshee 机器人开发应用中，YanAPI 中用于读取红外传感器数据的接口函数有 get_sensors_infrared 和 get_sensors_infrared_value。

1）get_sensors_infrared

函数功能：获取红外距离传感器值。

语法格式：

```
get_sensors_infrared(id：List[int]=None, slot：List[int]=None)
```

参数说明：

id（List［int］）——传感器的 ID，可不填；

slot（List［int］）——传感器槽位号，可不填。

返回类型：dict，其返回说明如下。

```
{
    code：integer   返回码,0 表示正常
    data：
    {
        infrared：
            [
                {
                    id：integer   传感器 ID 值,取值:1~127
                    slot：integer   传感器槽位号,取值:1~6
                    value：integer   距离值,单位:毫米(mm)
                }
```

```
            ]
        }
    msg: string   提示信息
}
```

2）get_ sensors_infrared_value

函数功能：获取红外距离传感器值，简化返回值。

语法格式：

```
get_sensors_infrared_value( )
```

返回类型：int。

返回说明：距离值，单位：毫米（mm）。

3. 红外传感器测距

读取红外传感器数据的基础程序如图 3-8 所示。在程序中，首先引入 time 库和 RobotAPI 库，然后输入机器人名称，通过发现函数和连接函数连接机器人。之后，通过 while 循环读取红外传感器数据，最后断开连接。保存程序文件名为 get_sensors_infrared. py，在终端执行 python3 get_sensors_infrared. py，观察结果输出。读取红外传感器数据的结果如图 3-9 所示。

```
1  #!/usr/bin/env
2  # coding=utf-8
3
4  import YanAPI
5
6  infrared = YanAPI.get_sensors_infrared()
7
8  id = infrared['data']['infrared'][0]['id']
9  slot = infrared['data']['infrared'][0]['slot']
10 value = infrared['data']['infrared'][0]['value']
11
12 print("Read Sensor id: %d" % id)
13 print("Read Sensor slot: %d" % slot)
14 print("Read Sensor value: %d mm" % value)
```

图 3-8　读取红外传感器数据的基础程序（1）

```
pi@raspberrypi:~/Desktop $ python3 get_sensors_infrared.py
Read Sensor id: 23
Read Sensor slot: 5
Read Sensor value: 85 mm
```

图 3-9　读取红外传感器数据的结果（1）

读取红外传感器数据的基础程序如图 3-10 所示；读取红外传感器数据的结果如图 3-11 所示。

```
1  #!/usr/bin/env
2  # coding=utf-8
3
4  import YanAPI
5
6  while True:
7      infrared = YanAPI.get_sensors_infrared_value()
8      print("Read Sensor Value: %d mm" % infrared)
```

图 3-10　读取红外传感器数据的基础程序（2）

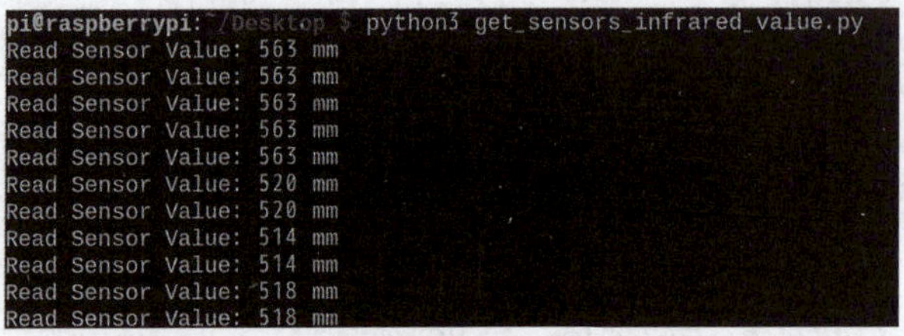

图 3-11　读取红外传感器数据的结果（2）

任务评价

完成本项目中的学习任务后，请对学习过程和结果的质量进行评价和总结，并填写评价反馈表，如表 3-3 所示。自我评价由学习者本人填写，小组评价由组长填写，教师评价由任课教师填写。

表 3-3　评价反馈表

班级		姓名		学号		日期	
自我评价	1. 能够说出传感器的基础概念与组成					□是	□否
	2. 能够说出 Yanshee 机器人的内外部传感器					□是	□否
	3. 能够说出红外传感器的工作原理					□是	□否
	4. 能够说出超声波传感器的工作原理					□是	□否
	5. 能够调用 YanAPI 实现红外传感器测距					□是	□否
	6. 是否能按时上、下课，着装规范					□是	□否
	7. 学习效果自评等级					□优　□良　□中　□差	
	8. 在完成任务的过程中遇到了哪些问题？是如何解决的？						
	9. 总结与反思						
小组评价	1. 在小组讨论中能积极发言					□优　□良　□中　□差	
	2. 能积极配合小组完成工作任务					□优　□良　□中　□差	
	3. 在查找资料信息中的表现					□优　□良　□中　□差	
	4. 能够清晰表达自己的观点					□优　□良　□中　□差	
	5. 安全意识与规范意识					□优　□良　□中　□差	
	6. 遵守课堂纪律					□优　□良　□中　□差	
	7. 积极参与汇报展示					□优　□良　□中　□差	
教师评价	综合评价等级： 评语： 　　　　　　　　　　　　　　　　　　教师签名：　　　　　日期：						

【任务扩展】

任务描述

魔法手掌游戏，即当人手靠近机器人距离小于 20 cm 时，机器人后退后蹲下，当距离大于 20 cm 时，机器人站立并向前走跟随，当距离大于 30 cm 时机器人停止跟随做出挥手告别动作。

任务实施

手掌游戏基础程序如图 3-12 所示，执行结果如图 3-13 所示，实施状态如图 3-14 所示。

```python
#!/usr/bin/env
# coding=utf-8

import YanAPI
import time
'''
当手靠近小于 20cm 时机器人后退后蹲下,当大于 20cm 时,机器人站立并向前走跟随,当大于 30cm 时机器人停止跟随做出挥手告别动作。
请根据前面的实验自行编写 python 程序。
'''
while True:
    infrared = YanAPI.get_sensors_infrared_value()
    print("Read Sensor Value: %d mm" % infrared)
    if infrared <= 200:
        YanAPI.sync_play_motion("walk","backward","normal",1)
        YanAPI.sync_play_motion("crouch","","normal",1)
        YanAPI.sync_play_motion("reset")
        time.sleep(1)
    elif infrared > 200 and infrared <= 300:
        YanAPI.sync_play_motion("walk","forward","normal",1)
        YanAPI.sync_play_motion("reset")
        time.sleep(1)
    elif infrared > 300:
        YanAPI.sync_play_motion("wave","right","normal",1)
        YanAPI.sync_play_motion("reset")
        time.sleep(1)
        break
```

图 3-12 手掌游戏基础程序

```
pi@raspberrypi:~/Desktop $ python3 assignment_get_sensors_infrared_value.py
Read Sensor Value: 109 mm
Read Sensor Value: 297 mm
Read Sensor Value: 174 mm
Read Sensor Value: 1500 mm
```

图 3-13 执行结果

图 3-14 实施状态

项目 3.2　　读取机器人压力数据

　　日常生活中，当我们接触到一个物体的时候，我们的手部就会感觉到物体，而且能感觉它的温度高低。这样的过程包含了触觉的过程，我们接触到了一个物体，这个信号在机器人身体体现为触摸传感器的功能，它能分辨出是否有人手靠近。

　　我们不光需要知道接触到了一个物体，还需要知道这个物体给我们的力是多大，可以根据压力的大小来做出对很多事情的决策，而机器人也需要具有这种能力，于是压力传感器应运而生。

【学习目标】

知识目标

➢ 熟悉触摸传感器的工作原理；

➢ 熟悉压力传感器的工作原理；

➢ 掌握触摸传感器相关的 API；

➢ 掌握压力传感器相关的 API。

技能目标

➢ 掌握通过 Python 编写程序调用 API，读取触摸传感器数据；

➢ 掌握通过 Python 编写程序调用 API，读取压力传感器数据。

素质目标

➢ 通过对电容触摸屏的介绍，激励学生以极大的热情投入新科技研发生产中。

【项目任务】

　　本任务将基于 Yanshee 机器人，学习触摸传感器、压力传感器的工作原理等内容，学习使用 Yanshee 机器人触摸传感器、压力传感器相关的 API，通过 Python 编写程序读取机器人触摸传感器数据和压力传感器数据。

【知识储备】

3.2.1　触摸传感器

1. 电容的概念

　　电容（Capacitance）亦称作"电容量"，是指在给定电位差下的电荷储藏量，记为 C，国际单位是法拉（F）。一般来说，电荷在电场中会受力而移动，当导体之间有了介质，则阻碍了电荷移动而使电荷累积在导体上，造成电荷的累积储存，储存的电荷量则称为电容。电容是指容纳电场的能力。任何静电场都是由许多个电容组成的，有静电场就有电容，电容是用静电场描述的。

　　一般认为，孤立导体与无穷远处构成电容，导体接地等效于接到无穷远处，并与大地连接成整体。电容（或称电容量）是表示电容器容纳电荷本领的物理量。电容从物理学上讲，是一种静态电荷存储介质，它的用途较广，是电子、电力领域中不可缺少的电子元件，主要用于电源滤波、信号滤波、信号耦合、谐振、滤波、补偿、充放电、储能、隔直流等电路中。

2. 多点触摸触感器工作原理

利用触摸屏的传感器检测用户的触摸位置，并通过手指或其他物体的触摸来定位选择信息输入。多点触控技术可以支持多点触摸识别位置，可以应用于任何触摸手势的检测，可以检测到双手十个手指同时触摸，也允许其他非手指触摸形式，比如手掌、脸、拳头等。多点触控基于互电容的检测方式，通过行列交叉处的互电容的变化来判断触摸存在，并且准确判断每一个触摸点位置。

互电容是检测行列交叉处的互电容（也就是耦合电容 C_m）的变化，当行列交叉通过时，行列之间会产生互电容（包括行列感应单元之间的边缘电容、行列交叉重叠处产生的耦合电容），有手指存在时互电容会减小，就可以判断触摸存在，并且准确判断每一个触摸点位置。多点触摸系统的核心是一对相邻电极组成的电容感应。当一个导体如手指接近这些电极时，两个电极之间的电容就会增加，可以通过微控制器检测到。另外，电容感应还可以用于接近感应，传感器和用户身体并不需要接触到，这可以通过提高传感器的灵敏度来达到，如图 3-15 所示。

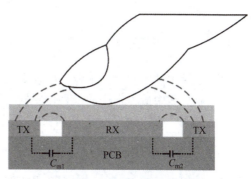

图 3-15　多点触摸感应原理

3. 电容触摸感应 MCU 工作原理

电容触摸感应 MCU 工作原理如图 3-16 所示。I_{REF} 是一个内部参考电流源，C_{REF} 是内部集成的充电电容，I_{SENSOR} 为内部集成的受控电流源，C_{SENSOR} 为外部电容传感器的充电电容。当有手指或其他物体接近或触摸电容传感器时，由于人体的触摸引起 C_{SENSOR} 的变化，从而改变其充电的时间或者电流。通过检测这个变化，可以确定触摸的发生和位置。通过内部调整过的 I_{SENSOR} 对 C_{SENSOR} 进行瞬间的充电，在 C_{SENSOR} 上产生一个电压 V_{SENSOR}，然后相对内部参考电压经过一个共模差分放大器进行放大。同理 IC 内部的 I_{REF} 对 C_{REF} 充电后也产生一个参考电压并相对同样的 V_{REF} 经过差分放大，最后将两个放大后的信号通过 SAR（逐次逼近模数转换器）式的 ADC 采样算出 I_{SENSOR} 的值。

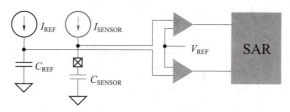

图 3-16　电容触摸感应 MCU 工作原理

4. 电容式感应的原理

如图 3-17 所示为一个电容式按钮的横截面。在外覆盖层材料之下，存在导电的铜块区域和导电的传感器。当两个导电元件相互靠得很近时，就会产生一个电容值，本体中标为 C_P，这个电容值是由于传感器垫板与接地板之间的耦合现象而形成的。C_P 属于寄生电

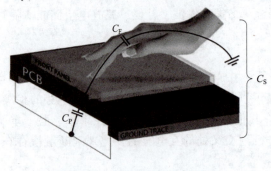

图 3-17　电容式按钮的横截面

容，典型数量级为 $10 \sim 300 \ pF$。传感器与接地板靠近时也会形成一个边缘电场，这个电场能够穿透外覆盖层。基本上，人体组织也属于导电体。将一根手指放在边缘电场附近时，就会增加这个电容系统的导电表面面积。图 3-17 中，C_F 为附加手指电容值，其数量级为 $0.1 \sim 10 \ pF$。虽然手指的存在会导致电容发生变化，但是与寄生电容相比，该变化幅度较小。而传感器测得的电容值为 C_S。在没有手指存在的情况下 C_S 基本上等于 C_P，而存在手指时，C_S 则为 C_P 与 C_F 之和。

3.2.2　压力传感器

实际生活中的电子秤，工业、医疗等相关的场合都是压力传感器的使用场景。压力传感器是工业实践中最为常用的一种传感器，其广泛应用于各种工业自控环境，涉及水利水电、铁路交通、智能建筑、生产自控、航空航天、军工、石化、油井、电力、船舶、机床、管道等众多行业。

1. 压力

压力的物理学定义可以从宏观和微观两个角度来理解。

在宏观上，压力可以被理解为物体受到的形变反作用力。当两个物体相互接触并产生挤压时，物体表面上的分子会相互排斥，这种排斥力会导致物体表面产生形变，而形变反过来会对相互接触的物体施加一个大小相等、方向相反的作用力，这就是压力。压力的方向垂直于接触面，并指向被压物体。

在微观上，压力的产生与分子间的相互作用有关。当两个物体相互接触时，物体表面的分子会与对方物体表面的分子产生相互作用，这种相互作用包括范德华力、静电力等。这些作用力会导致物体表面的分子产生形变，而形变反过来会对分子施加一个大小相等、方向相反的作用力，这就是压力。需要注意的是，压力并不一定与重力或重力加速度有关，它们之间没有必然的联系。在地球上，物体受到的重力是由于地球对物体的吸引而产生的，而压力则是物体之间的相互作用力产生的。

2. 电阻

电阻器（Resistor）在日常生活中一般直接称为电阻，是指物质对电流的阻碍作用，它的大小取决于物质的导电性能和物质的结构。物质的导电性能可以通过测量其电阻率来评估，电阻率是描述物质电阻大小的一个物理量。

在电路中，电阻的单位是欧姆（Ω），电阻值的大小可以表示物质对电流的阻碍作用的强弱。除了电阻率之外，电阻的大小还与物质的结构有关。例如，一个电线的长度、直径和材料都会影响其电阻值。在欧姆定律中，电流、电压和电阻之间的关系可以表示为：$I = V/R$，其中 I 为电流；V 为电压；R 为电阻。这个公式说明，当电压一定时，电阻越大，

电流越小；反之，当电流一定时，电阻越大，电压越大。

电阻在电路中的作用是控制电流的大小和方向，以及调节电压的高低。在电路中，电阻可以被用来防止电流过大或过小，以及调节电压的输出。将电阻接在电路中后，电阻器的阻值是固定的。一般有两个引脚，它们可限制通过电阻所连支路的电流大小。阻值不能改变的称为固定电阻器；阻值可变的称为电位器或可变电阻器。

理想的电阻器是线性的，即通过电阻器的瞬时电流与外加瞬时电压成正比。用于分压的可变电阻器，在裸露的电阻体上紧压着一至两个可移金属触点，触点位置确定电阻体任一端与触点间的阻值。

3. 电阻应变片

电阻应变片是一种将被测件上的应变变化转换为一种电信号的敏感器件。它是压阻式应变传感器的主要组成部分之一。电阻应变片应用最多的是金属电阻应变片和半导体应变片两种。金属电阻应变片又有丝状应变片和金属箔状应变片两种。通常是将应变片通过特殊的黏合剂紧密地黏合在产生力学应变基体上，当基体受力发生应力变化时，电阻应变片也一起产生形变，使应变片的阻值发生改变，从而使加在电阻上的电压发生变化。这种应变片在受力时产生的阻值变化通常较小，一般这种应变片都组成应变电桥，并通过后续的仪表放大器进行放大，再传输给处理电路（通常是 A/D 转换和 CPU）显示或执行机构。

4. 压力传感器

压力传感器（Pressure Transducer）是能感受压力信号，并能按照一定的规律将压力信号转换成可用的输出的电信号的器件或装置。压力传感器通常由压力敏感元件和信号处理单元组成，而电阻应变片就是压力敏感元件的一种。

压力敏感元件负责感知压力变化，可以感知到来自不同方向的压力，如正压力、负压力以及拉力等。当这些压力变化时，压力敏感元件会感应出这些变化并输出电信号。信号处理单元则负责接收来自压力敏感元件的电信号，并对这些信号进行处理和转换。它通常会将压力信号转换成电压、电流等电信号，以便于后续的测量和控制。根据不同的测试压力类型，压力传感器可以分为表压传感器、差压传感器和绝压传感器等。

表压传感器用于测量气体和液体的表压，差压传感器用于测量两个压力源之间的差压，而绝压传感器则用于测量气体和液体的绝对压力。压力传感器被广泛应用于各种工业自控环境，涉及水利水电、铁路交通、智能建筑、生产自控、航空航天、军工、石化、油井、电力、船舶、机床、管道等多个行业。在这些领域中，压力传感器被用于各种不同的应用，如压力控制、液位测量、气体分析等。

5. 压力传感器工作原理

Yanshee 身上的压力传感器是薄膜压力传感器，本质上属于压阻式压力传感器，量程为 0~40 N。单点式压力，当传感器受到压力的时候会得到一组电阻值变化读数。

压阻式压力传感器的压力敏感元件是压阻元件，它是基于压阻效应工作的。所谓压阻元件实际上就是指在半导体材料的基片上用集成电路工艺制成的扩散电阻，当它受外力作用时，其阻值由于电阻率的变化而改变。扩散电阻正常工作时需依附于弹性元件，常用的是单晶硅膜片。

图 3-18 所示为压阻式压力传感器的剖面图。压阻芯片采用周边固定的硅环结构，封

装在外壳内。在一块圆形的单晶硅膜片上，布置四个扩散电阻，两片位于受压应力区，另外两片位于受拉应力区，它们组成一个全桥测量电路。硅膜片用一个圆形硅环固定，两边有两个压力腔，一个是和被测压力相连接的高压腔，另一个是低压腔，接参考压力，通常和大气相通。当存在压差时，膜片产生变形，使两对电阻的阻值发生变化，电桥失去平衡，其输出电压反映膜片两边承受的压差大小。

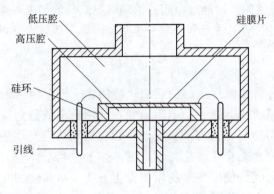

图3-18　压阻式压力传感器的剖面图

压力传感器是能感受压力信号，并能按照一定的规律将压力信号转换成可用的输出的电信号的器件或装置。Yanshee 机器人通过 MCU 对这种变化进行采集并做出相应的动作响应与行为决策。

 【项目实施】

任务准备

1. 准备设施/设备

2.4 GHz 无线网络、智能人形机器人、无线键盘、无线鼠标、配套传感器、HDMI 线、计算机（已安装树莓派 Raspbian 系统、Linux 系统、Python 环境）、手机（已安装 Yanshee APP）。

2. 检查设施/设备

检查 Yanshee 机器人开关机是否正常；

检查 Yanshee 机器人联网是否正常；

检查 Yanshee 机器人各舵机是否正常。

任务实施

1. 读取触摸传感器数据

在 Yanshee 机器人开发应用中，YanAPI 中用于读取红外传感器数据的接口函数有 get_sensors_touch 和 get_sensors_touch_value。

1）get_sensors_touch

函数功能：获取触摸传感器值。

语法格式：

```
get_sensors_touch(id：List[int]=None, slot：List[int]=None)
```

参数说明：

id（List［int］）——传感器的 ID，可不填；

slot（List［int］）——传感器槽位号，可不填。

返回类型：dict，其返回说明如下。

```
{
    code:integer  返回码,0 表示正常
    data:
        {
            touch:
                [
                    {
                        id: integer   传感器 ID 值,取值:1~127
                        slot: integer   传感器槽位号,取值:1~6
                        value: integer   0—未触摸;1—触摸按钮 1;2—触摸按钮 2;3—触摸
两边
                    }
                ]
        }
    msg: string   提示信息
}
```

2）get_sensors_touch_value

函数功能：获取触摸传感器值，简化返回值。

语法格式：

```
get_sensors_touch_value( )
```

返回类型：int。

返回说明：触摸状态值，0—未触摸；1—触摸按钮 1；2—触摸按钮 2；3—触摸两边。

读取触摸传感器数据的基础程序和结果如图 3-19~图 3-22 所示。

```
1  #!/usr/bin/env
2  # coding=utf-8
3
4  import YanAPI
5  import time
6
7  touch = YanAPI.get_sensors_touch()
8  id = touch['data']['touch'][0]['id']
9  slot = touch['data']['touch'][0]['slot']
10 value = touch['data']['touch'][0]['value']
11
12 print("Read Sensor id %d" % id)
13 print("Read Sensor slot %d" % slot)
14 print("Read Sensor value %d" % value)
15
```

图 3-19　读取触摸传感器数据的基础程序（1）

```
pi@raspberrypi:~/Desktop $ python3 get_sensors_touch.py
Read Sensor id 29
Read Sensor slot 5
Read Sensor value 0
```

图 3-20　读取触摸传感器数据的结果（1）

```
1  #!/usr/bin/env
2  # coding=utf-8
3
4  import YanAPI
5
6  touch = YanAPI.get_sensors_touch_value()
7  print("Read Sensor Value %d" % touch)
```

图 3-21　读取触摸传感器数据的基础程序（2）

```
pi@raspberrypi:~/Desktop $ python3 get_sensors_touch_value.py
Read Sensor Value 1
```

图 3-22　读取触摸传感器数据的结果（2）

2. 读取压力传感器数据

在 Yanshee 机器人开发应用中，YanAPI 中用于读取红外传感器数据的接口函数有 get_sensors_pressure 和 get_sensors_pressure_value。

1）get_sensors_pressure

函数功能：获取压力传感器值。

语法格式：

get_sensors_pressure(id：List[int]=None, slot：List[int]=None)

参数说明：

id（List［int］）——传感器的 ID，可不填；

slot（List［int］）——传感器槽位号，可不填。

返回类型：dict，其返回说明如下。

```
{
    code：integer   返回码,0表示正常
    data：
        {
            touch：
                [
                    {
                        id: integer   传感器 ID 值,取值:1~127
                        slot：integer   传感器槽位号,取值:1~6
                        value: integer   压力值,单位:牛(N)
                    }
                ]
        }
    msg: string   提示信息
}
```

2）get_ sensors_pressure_value

函数功能：获取触摸传感器值，简化返回值。

语法格式：

get_sensors_pressure_value( )

返回类型：int。

返回说明：压力值，单位：牛（N）。

读取压力传感器数据的基础程序和结果分别如图 3-23~图 3-26 所示。

```
1  #!/usr/bin/env
2  # coding=utf-8
3
4  import YanAPI
5
6  pressure = YanAPI.get_sensors_pressure()
7
8  id = pressure['data']['pressure'][0]['id']
9  slot = pressure['data']['pressure'][0]['slot']
10 value = pressure['data']['pressure'][0]['value']
11
12 print("Read Sensor id: %d" % id)
13 print("Read Sensor slot: %d" % slot)
14 print("Read Sensor value: %d" % value)
```

图 3-23 读取压力传感器数据的基础程序（1）

```
pi@raspberrypi:~/Desktop $ python3 get_sensors_pressure.py
Read Sensor id: 35
Read Sensor slot: 5
Read Sensor value: 0
```

图 3-24 读取压力传感器数据的结果（1）

```
1  #!/usr/bin/env
2  # coding=utf-8
3
4  import YanAPI
5
6  pressure = YanAPI.get_sensors_pressure_value()
7  print("Read Sensor Value %d N" % pressure)
```

图 3-25 读取压力传感器数据的基础程序（2）

```
pi@raspberrypi:~/Desktop $ python3 get_sensors_pressure_value.py
Read Sensor Value 6 N
```

图 3-26 读取压力传感器数据的结果（2）

任务评价

完成本项目中的学习任务后，请对学习过程和结果的质量进行评价和总结，并填写评价反馈表，如表 3-4 所示。自我评价由学习者本人填写，小组评价由组长填写，教师评价由任课教师填写。

表 3-4 评价反馈表

班级		姓名		学号		日期	
自我评价	1. 能够说出触摸传感器的工作原理					□是	□否
	2. 能够说出压力传感器的工作原理					□是	□否
	3. 能够调用 YanAPI 测量触摸传感器数据					□是	□否
	4. 能够调用 YanAPI 测量压力传感器数据					□是	□否

自我评价	5. 是否能按时上、下课，着装规范	□是		□否		
	6. 学习效果自评等级	□优	□良	□中	□差	
	7. 在完成任务的过程中遇到了哪些问题？是如何解决的？					
	8. 总结与反思					
小组评价	1. 在小组讨论中能积极发言	□优	□良	□中	□差	
	2. 能积极配合小组完成工作任务	□优	□良	□中	□差	
	3. 在查找资料信息中的表现	□优	□良	□中	□差	
	4. 能够清晰表达自己的观点	□优	□良	□中	□差	
	5. 安全意识与规范意识	□优	□良	□中	□差	
	6. 遵守课堂纪律	□优	□良	□中	□差	
	7. 积极参与汇报展示	□优	□良	□中	□差	
教师评价	综合评价等级： 评语： 　　　　　　　　　　　　　　教师签名：　　　　日期：					

项目3.3　读取机器人温度湿度

　　我们每天都会听天气预报或者看手机上的温度提醒，来决定第二天或最近几天穿多少衣服，带不带伞，甚至适不适合出去旅游，等等。我们的皮肤可以感受到温度的高低和变化，大脑很快做出反应，夏天或者冬天维持在一个合适的体温之内。而机器人可以通过精密元器件——温湿度传感器来获得精准的温湿度数据，进而规划自己的行为或者帮助人类实现相应的数据分析决策。

　　通过本项目，我们要学会温湿度传感器的基本原理、使用方法和应用场景。另外我们也要学会在机器人领域的温湿度传感器是如何被利用的。最后，我们要通过一个提醒穿衣的实验课来增强大家对温湿度传感器实际应用的能力。

【学习目标】

知识目标

➢熟悉温度传感器的工作原理；

➢熟悉湿度传感器的工作原理；

➢掌握温湿度传感器相关的 API。

技能目标

➢掌握通过 Python 编写程序调用 API，读取机器人温度传感器数据；

➢掌握通过 Python 编写程序调用 API，读取机器人湿度传感器数据。

素质目标

➢学习红外测温工具，进行文化自信、制度自信教育，激发学生强烈的爱国主义情怀和民族自豪感；

➢学习气温变化的过程中，加深学生对环境保护和可持续发展的意识。

【项目任务】

本任务将基于 Yanshee 机器人，学习温湿度传感器的工作原理等内容，学习使用 Yanshee 机器人温湿度传感器相关的 API，通过 Python 编写程序读取机器人温湿度传感器数据。

【知识储备】

3.3.1 温度及测量方法

温度是表示物体冷热程度的物理量，微观上来讲是物体分子热运动的剧烈程度。温度只能通过物体随温度变化的某些特性来间接测量，而用来度量物体温度数值的标尺叫温标。

温度测量主要分为直接测量法和间接测量法两种。直接测量法，是直接用温度计或热电偶等测量物体的温度。比如我们常见的温度计和体温计就属于这一类。间接测量法，则是通过测量与温度有关的物理量，然后经过一定的变换或计算得到温度值。这包括利用热电阻测量温度，以及热电偶式温度计采用两种不同材料焊接在一起，接合点的温度变化在回路中会产生电势，并形成电流进行测量。

还有红外测温仪，其主要原理为：一切温度高于绝对零度的物体都在不停地向周围空间发出红外辐射能量。物体的红外辐射能量的大小及其按波长的分布——与它的表面温度有着十分密切的关系。因此，通过对物体自身辐射的红外能量的测量，便能准确地测定它的表面温度。

在以上提到的这些方法中，最常用的是电阻式温度传感器测温，比如 Pt100 就是一种常见的电阻式温度传感器。Pt100 的电阻值随着温度变化而变化，其阻值和温度之间的关系可以通过公式表达。在知道初始电阻值（例如在 0 ℃时）和测量电阻值后，就可以通过这个关系计算出相应的温度。这种传感器通常会转换成电压或电流等模拟信号，再由处理器换算出相应温度。

模块 3 控制机器人感知世界

测温方法可分为接触式与非接触式两大类。用接触式方法测温时，感温元件需要与被测介质直接接触，液体膨胀式温度计、热电偶温度计、热电阻温度计等均属于此类，如图 3-27 所示。当用光学高温计、辐射高温计、红外探测器测温时，感温元件不必与被测介质相接触，故称为非接触式测温，如图 3-28 所示。接触式测温简单、可靠、测量精度高，但由于达到热平衡需要一定时间，因而会产生测温的滞后现象。此外，感温元件往往会破坏被测对象的温度场，并有可能受到被测介质的腐蚀。非接触式测温是通过热辐射来测量温度的，感温速度一般比较快，多用于测量高温，但由于受物体的发射率、热辐射传递空间的距离、烟尘和水蒸气的影响，故测量误差较大。

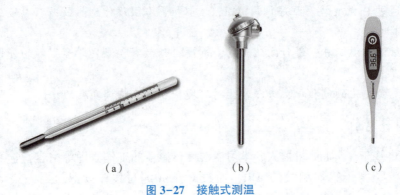

（a）   （b）   （c）

图 3-27　接触式测温

（a）液体温度计；（b）热电偶；（c）热敏电阻温度计

图 3-28　非接触式测温

3.3.2　湿度及测量方法

湿度是表示空气干湿程度，即空气中所含水汽多少的一种物理量，常见于气象、环保等领域。

湿度是物理量。在一定的温度下在一定体积的空气里含有的水汽越少，则空气越干燥；水汽越多，则空气越潮湿。空气的干湿程度叫作"湿度"。在此意义下，常用绝对湿度、相对湿度、比较湿度、混合比、饱和差以及露点等物理量来表示；若表示在湿蒸汽中水蒸气的质量占蒸汽总质量（体积）的百分比，则称之为蒸汽的湿度。人体感觉舒适的湿度是：相对湿度低于 70%。

湿度测量在许多领域都有重要意义。在气象学中，湿度测量对于预报天气和气候变化至关重要。在物理学和化学中，湿度会影响材料的物理性质和化学反应。在生物学中，湿度对动植物的生长和生存有着重要的影响。

此外，在工业生产中，湿度测量也十分关键。例如，湿度会影响工业产品的质量和产量，对安全生产和节能也有重要影响。在农业生产中，土壤湿度对于农作物的生长和收成有着决定性的影响。在医疗领域，湿度也会影响人体健康，例如过高的湿度可能导致霉菌生长，而过低的湿度可能导致皮肤干燥。

总的来说，湿度测量对于环境控制、工业生产、科学研究等多个领域都有着重要的意义和应用。

对于湿度的测量，有以下几种方法：

（1）湿度表法：将探测物体表面上的水分蒸发成蒸气形成的水分液盛固定比例罐中，用蒸发湿度表来测量湿度。温湿度计如图 3-29 所示。

（2）激光测湿仪：采用克朗森分析原理，将激光束发射在待测物体表面上，由激光束反射后探测其穿透物体大气层中水分含量，测量湿度。

（3）水滴冷却法：它利用水滴在一定的温度和干预压力下冷却的温度降低速率来测量湿度的大小。

（4）动态法：动态法（双压法、双温法、分流法）和静态法（饱和盐法、硫酸法）是常见的湿度测量方法。双压法、双温法是基于热力学

图 3-29　温湿度计

P、V、T 平衡原理，平衡时间较长。分流法是基于绝对湿气和绝对干空气的精确混合。饱和盐法是湿度测量中最常见的方法，简单易行。露点法是测量湿空气达到饱和时的温度，是热力学的直接结果，准确度高，测量范围宽。干湿球法也是历史较为悠久的测湿方法。

需要注意的是，不同的湿度测量方法有着各自的优点和适用范围，应根据具体需求和条件选择合适的测量方法。

随着科技的迅速发展，温度传感器已经成为工业自动化和智能化中不可或缺的一部分。温度传感器作为一种能够感受环境中温度并转换为电信号的装置，正逐渐采用新技术以提升性能和精度。例如，红外温度传感器利用红外辐射原理测量物体表面温度，具有非接触、快速响应、高精度等优点。此外，光纤温度传感器以其高灵敏度、抗干扰能力强等特点，在复杂环境中得到广泛应用，如图 3-30 所示。

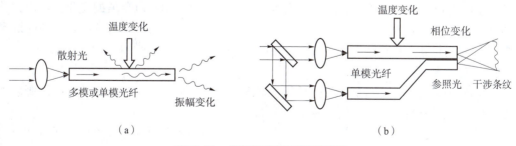

（a）　　　　　　　　　　　　　（b）

图 3-30　光纤温度传感器原理图

（a）振幅变化；（b）相位变化

准确解读温度传感器数据是实现自动化控制的关键。对于传感器数据，我们需要通过一定的算法和模型进行解析和处理。例如，模糊控制算法可以根据温度传感器的输出信号，对加热或冷却设备进行智能调节，从而达到恒温控制的目的。同时，我们还要关注温度传感器在使用过程中可能出现的误差和漂移现象，通过校准和维护保证测量精度。

随着技术的不断发展，温度传感器新技术在工业领域的应用越来越广泛。例如，在石油化工行业中，温度传感器被用于监测生产设备的温度，为安全预警、生产控制等提供重要依据。在新能源领域，太阳能、风能等电站需要使用温度传感器对电池板进行实时监控，以提高发电效率。此外，食品加工、医疗、汽车等行业也大量使用温度传感器，以满足各种复杂的应用需求。

温度传感器新技术的不断发展和应用，为工业自动化和智能化带来了巨大的推动力。通过对温度传感器的深入了解和运用，我们可以更好地利用传感器数据进行精准控制，优化生产过程、提高效率、降低能耗。在未来的发展中，温度传感器新技术将在更多领域得到广泛应用，其潜力和价值将会得到更加充分的体现。同时，随着人工智能、物联网等新兴技术的发展，温度传感器也将与这些先进技术相结合，实现更为智能化的检测与控制。

在这个过程中，我们还需要不断探索和研究温度传感器新技术的优化和创新途径，以满足不断变化的市场需求。例如，进一步改善传感器的稳定性和可靠性、提高测量精度和响应速度等。此外，为了更好地推广和应用温度传感器新技术，我们还需要加强技术培训、科普教育等方面的力度，提高整个行业对温度传感器的认识和应用水平。

总之，温度传感器新技术的发展和应用不仅有助于推动工业自动化和智能化的发展，也将为我们的生活带来更多便利和安全。让我们期待着温度传感器新技术在未来带来更多创新和突破，为人类创造更加美好的未来。

3.3.3　温度传感器的工作原理

热敏电阻是一种传感器，主要用于测量温度。它具有测量准确、稳定性好、响应速度快、使用寿命长等优点。下面将详细介绍热敏电阻测温原理及其在温度感应、电阻测量、温度补偿和测量电路等方面的应用。

1. 温度感应

热敏电阻测温原理基于热电效应。热电效应是指温度差异引起材料内部电荷载流子运动，从而形成电动势的现象。热敏电阻是一种利用热电效应测量温度的传感器。它是一种半导体材料，具有负的电阻温度系数（RTD）。

热敏电阻根据温度变化，其阻值发生相应的变化。通过测量电阻值的变化，可以推算出温度变化。常用的热敏电阻有五种类型：Mn、Cu、Cu50、Ni 和 Pt100。其中，Pt100 是最常用的热敏电阻，其阻值与温度成正比关系。

2. 电阻测量

电阻测量是热敏电阻测温的关键环节。测量电阻的方法有很多种，如常规的欧姆表测量法、数字万用表测量法、二极管测量法等。

欧姆表测量法是一种较为简单的电阻测量方法。将热敏电阻与电源连接，通过调整可变电阻器使电流表归零，此时欧姆表读数即为热敏电阻的阻值。但是，这种方法误差较大，只适用于粗略测量电阻值。

数字万用表测量法是一种较准确的电阻测量方法。将热敏电阻与数字万用表连接，选择适当的电阻量程，读数即为热敏电阻的阻值。但是，需要注意的是，数字万用表的内阻会对测量结果产生影响，因此需要使用四线测量法来消除内阻的影响。

二极管测量法是一种通过测量二极管的反向电压来计算热敏电阻阻值的方法。将热敏电阻与二极管串联，通过调整可变电阻器使二极管达到一定的反向电压，此时读取电压表的读数即可计算出热敏电阻的阻值。这种方法需要使用专门的二极管测量仪器，但精度较高。

3. 温度补偿

由于热敏电阻本身的温度效应，会导致测得的温度值存在误差。为了提高测温精度，需要进行温度补偿。

常见的温度补偿技术包括集成电路补偿、分压补偿和对热敏电阻采用负反馈等。集成电路补偿是将热敏电阻与集成运算放大器连接，通过调整集成运算放大器的增益和偏置电压来抵消热敏电阻自身的温度效应。分压补偿是将热敏电阻与已知温度系数的电阻串联，通过调整可变电阻器使整体输出电压保持恒定，从而消除热敏电阻自身的温度效应。对热敏电阻采用负反馈是将测得的温度信号反馈到放大器的输入端，通过调整放大器的增益和偏置电压来抵消热敏电阻自身的温度效应。

4. 测量电路

测量电路是将各种补偿技术应用于实际电路中实现温度测量的关键环节。根据不同的应用场景和实际需求，可以采用模拟电路、数字电路或单片机等方式实现测量电路的设计与维护。

模拟电路是通过运算放大器、比较器和一些外围元件来实现对热敏电阻阻值的测量。这种电路设计简单，但容易受到环境噪声和电源波动等因素的影响。数字电路是通过数字信号处理器（DSP）或微控制器（MCU）等来实现对热敏电阻阻值的测量。数字电路具有高精度、低噪声和较强的抗干扰能力等优点，但设计难度较大，需要一定的编程和调试经验。

单片机是通过单片机芯片来实现对热敏电阻阻值的测量。单片机具有集成度高、可靠性好、易于维护等优点。

3.3.4 湿度传感器的工作原理

湿度传感器是一种用于测量空气中水蒸气含量的装置，其工作原理可以包括以下几个方面：

1. 电解质反应

电解质反应是一种通过化学反应来测量湿度的方法。湿度传感器中的电解质是一种特殊设计的材料，它可以吸收空气中的水蒸气并发生化学反应。反应过程中，会产生微小的电流，通过测量电流的大小，可以推算出空气中的湿度水平。

2. 热传导

热传导在湿度传感器中起着重要作用。湿度传感器通常包含一个加热元件和一个测量元件。加热元件向空气中释放热量，而测量元件则监测加热元件与周围空气之间的热交换。当空气中的水蒸气含量增加时，热交换会受到影响，从而改变测量元件的读数。通过测量这种变化，可以确定空气中的湿度水平。

3. 露点温度

露点温度是指空气中的水蒸气凝结成水的温度。在湿度传感器中，露点温度的测量通常是通过加热和冷却传感器表面来实现的。当传感器表面温度低于露点温度时，水蒸气会凝结在传感器表面上形成水珠。通过测量水珠的形成和蒸发过程，可以推断出空气中的湿度水平。

4. 光学原理

光学原理在湿度传感器中也得到应用。其中一种常见的方法是使用光学干涉仪来测量湿度。干涉仪利用光的干涉现象来测量空气中的水蒸气含量。当光通过含有水蒸气的空气时，光的波长和相位会发生变化，通过测量这些变化可以确定空气中的湿度水平。

5. 频率变化

频率变化在湿度传感器中也有应用。某些材料会因为吸收或释放水蒸气而改变其质量或密度，从而导致其振荡频率的变化。通过测量这种频率变化，可以确定空气中的湿度水平。

综上所述，湿度传感器的工作原理多种多样，包括电解质反应、热传导、露点温度、光学原理以及频率变化等方面。这些原理在不同的传感器类型和实际应用场景中可能得到采用和结合，以实现准确、可靠的湿度测量。了解这些工作原理有助于更好地理解和使用湿度传感器，并为相关领域的科学研究和发展提供有价值的参考。

3.3.5　机器人温湿度传感器

传统的模拟温度传感器，如热电偶、热敏电阻对温度的监控，在一些温度范围内线性不好，需要进行冷端补偿或引线补偿；热惯性大，响应时间慢。集成模拟温度传感器与之相比，具有灵敏度高、线性度好、响应速度快等优点，而且它还将驱动电路、信号处理电路以及必要的逻辑控制电路集成在单片 IC 上，具有实际尺寸小、使用方便等优点。常见的模拟温度传感器有 DS1820、LM3911、LM335、LM45、AD22103 电压输出型、AD590 电流输出型。这里主要介绍该 Yanshee 机器人温湿度传感器 DS1820。

DS1820 是一种常用的数字温度传感器，它输出的是数字信号，具有体积小、硬件开销低、抗干扰能力强和精度高等特点，如图 3-31 所示。这种传感器接线方便，可以应用于多种场合，如管道式、螺纹式、磁铁吸附式、不锈钢封装式等，并且有不同的型号，例如 LTM8877、LTM8874 等，可以根据应用场合的不同而改变其外观。

DS1820 数字温度传感器的主要应用领域包括电缆沟测温、高炉水循环测温、锅炉测温、机房测温、农业大棚测温、洁净室测温、弹药库测温等各种非极限温度场合。这种传感器耐磨耐碰、体积小、使用方便、封装形式多样，适用于各种狭小空间设备数字测温和控制领域。

温度传感器集成了测温元件和 A/D 转换电路等，将热敏电阻值等元器件对周围环境温度的感知变化转换成为数字的温度值，经单片机通过 IIC 总线读取传感器的温度值，最后使用数码管或者液晶显示器等显示出来，供 Yanshee 机器人使用。

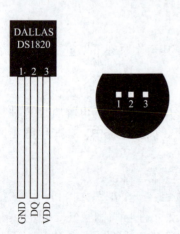

图 3-31　DS1820 的封装及引脚排列

【项目实施】

任务准备

1. 准备设施/设备

2.4 GHz 无线网络、智能人形机器人、无线键盘、无线鼠标、配套传感器、HDMI 线、计算机（已安装树莓派 Raspbian 系统、Linux 系统、Python 环境）、手机（已安装 Yanshee APP）。

2. 检查设施/设备

检查 Yanshee 机器人开关机是否正常；

检查 Yanshee 机器人联网是否正常；

检查 Yanshee 机器人各舵机是否正常。

任务实施

1. 温湿度传感器数据读取方法

在 Yanshee 机器人开发应用中，YanAPI 中用于读取温湿度传感器数据的接口函数有 get_sensors_environment 和 get_sensors_environment_value。

1）get_sensors_environment

函数功能：获取温湿度环境距离传感器值（使用此接口前，先调用 sensors/list 接口查看相应的传感器是否被检测到）。

语法格式：

```
get_sensors_environment(id：List[int]=None, slot：List[int]=None)
```

参数说明：

id（List[int]）—传感器的 ID，可不填；

slot（List[int]）—传感器槽位号，可不填。

返回类型：dict，其返回说明如下。

```
{
    code：integer   返回码,0 表示正常
    data：
        {
            infrared：
                [
                    {
                        id：integer   传感器 ID 值,取值:1~127
                        slot：integer   传感器槽位号,取值:1~6
                        temperature：integer   温度值
                        humidity：integer   湿度值
                        pressure：integer   大气压力
                    }
                ]
        }
    msg：string   提示信息
}
```

2）get_sensors_environment_value

函数功能：获取温湿度距离传感器值，简化返回值。

语法格式：

```
get_sensors_environment_value( )
```

返回类型：dict，其返回说明如下。

```
{
    id：integer    传感器 ID 值,取值:1~127
    slot：integer   传感器槽位号,取值:1~6
    temperature：integer   温度值
    humidity：integer   湿度值
    pressure：integer   大气压力
}
```

2. 读取温湿度传感器数据

读取温湿度传感器数据的基础程序如图 3-32 所示。在程序中，首先引入 time 库和 RobotAPI 库，然后输入机器人名称，通过发现函数和连接函数连接机器人。之后，通过 while 循环读取温湿度传感器数据，最后断开连接。保存程序文件名为 ubtReadSensorValue.py，在终端执行 python ubtReadSensorValue.py，观察结果输出。读取温湿度传感器数据的结果如图 3-33 所示。

```
1  #!/usr/bin/env
2  # coding=utf-8
3
4  import YanAPI
5
6  env = YanAPI.get_sensors_environment()
7  id = env['data']['environment'][0]['id']
8  slot = env['data']['environment'][0]['slot']
9  temperature =  env['data']['environment'][0]['temperature']
10 humidity =  env['data']['environment'][0]['humidity']
11 pressure =  env['data']['environment'][0]['pressure']
12
13 print("Read Sensor id %d " % id)
14 print("Read Sensor slot %d " % slot)
15 print("Read Sensor temperature %d " % temperature)
16 print("Read Sensor humidity %d " % humidity)
17 print("Read Sensor pressure %d " % pressure)
18
```

图 3-32　读取温湿度传感器数据的基础程序（1）

```
pi@raspberrypi:~/Desktop $ python3 get_sensors_environment.py
Read Sensor id 59
Read Sensor slot 5
Read Sensor temperature 30
Read Sensor humidity 26
Read Sensor pressure 1001
```

图 3-33　读取温湿度传感器数据的结果（1）

读取温湿度传感器数据的基础程序如图 3-34 所示；读取温湿度传感器数据的结果如图 3-35 所示。

```
1  #!/usr/bin/env
2  # coding=utf-8
3
4  import YanAPI
5
6  env = YanAPI.get_sensors_environment_value()
7  env = env['temperature']
8  print("Read Sensor Value %d ℃" % env)
```

图 3-34　读取温湿度传感器数据的基础程序（2）

```
pi@raspberrypi:~/Desktop $ python3 get_sensors_environment_value.py
Read Sensor Value 31 ℃
```

图 3-35　读取温湿度传感器数据的结果（2）

任务评价

　　完成本项目中的学习任务后，请对学习过程和结果的质量进行评价和总结，并填写评价反馈表，如表 3-5 所示。自我评价由学习者本人填写，小组评价由组长填写，教师评价由任课教师填写。

表 3-5　评价反馈表

班级		姓名		学号		日期	
自我评价	1. 能够说出温度传感器的工作原理					□是	□否
	2. 能够说出湿度传感器的工作原理					□是	□否
	3. 能够调用 YanAPI 测量温度传感器数据					□是	□否
	4. 能够调用 YanAPI 测量湿度传感器数据					□是	□否
	5. 是否能按时上、下课，着装规范					□是	□否
	6. 学习效果自评等级					□优　□良　□中　□差	
	7. 在完成任务的过程中遇到了哪些问题？是如何解决的？						
	8. 总结与反思						
小组评价	1. 在小组讨论中能积极发言					□优　□良　□中　□差	
	2. 能积极配合小组完成工作任务					□优　□良　□中　□差	
	3. 在查找资料信息中的表现					□优　□良　□中　□差	
	4. 能够清晰表达自己的观点					□优　□良　□中　□差	
	5. 安全意识与规范意识					□优　□良　□中　□差	
	6. 遵守课堂纪律					□优　□良　□中　□差	
	7. 积极参与汇报展示					□优　□良　□中　□差	
教师评价	综合评价等级： 评语： 教师签名：　　　　　日期：						

【任务扩展】

任务描述

编写程序实现提醒穿衣的 Yanshee 机器人，即当温度高于 20 ℃的时候提醒穿短袖，当温度低于 10 ℃的时候建议穿厚外套。

任务实施

基础程序如图 3-36 所示，程序执行结果如图 3-37 所示。

```
1  #!/usr/bin/env
2  # coding=utf-8
3
4  import YanAPI
5
6  #温湿度：当温度高于 20℃的时候提醒穿短袖，当温度低于 10℃的时候建议穿外套。
7  env = YanAPI.get_sensors_environment_value()
8  env = env['temperature']
9  print("Read Sensor Value %d ℃" % env)
10 if env > 20:
11     YanAPI.sync_do_tts("温度高于20摄氏度，建议穿短袖")
12     print("")
13 elif env < 10:
14     YanAPI.sync_do_tts("温度低于10摄氏度，建议穿外套")
```

图 3-36　基础程序

```
pi@raspberrypi:~/Desktop $ python3 assignment_get_sensors_environment_value.py
Read Sensor Value 31 ℃
```

图 3-37　程序执行结果

项目 3.4　控制机器人摔倒爬起

自然界中人类或大多数动物们靠小脑和神经系统等来达到维持身体平衡的感知目的，当一个人摔倒之前他能意识到自己的身体失去了平衡，并通过视觉、触觉、大脑神经系统等得知自己可能要摔倒的信息，最后保持身体平衡。而这种判断自己的身体是否摔倒的能力，机器人身上也想拥有，于是我们就有了姿态控制概念的产生。姿态控制目前已经被应用于诸多场合，比如平衡车、无人机、机器人等领域。而姿态控制的核心理念就是通过读取传感器的值来做相应的算法，进而实现对应的场景功能，于是陀螺仪就应运而生了。

人们通常利用陀螺仪这种传感器的值来判断电子设备的位置姿态信息，进而获得可利用的交互信息来完成相应功能的控制。通过本项目，你将学习运动传感器（即陀螺仪+加速度）的工作原理，然后使用它来做简单的姿态判断。机器人本体内置了运动传感器，所以不需借助外接设备就可知晓自己的姿态（平躺、趴倒还是站立等）。当机器人知道自己的姿态后，就可以做一些事情。例如，在本课程中，我们通过编程让机器人发现自己处于摔倒状态后，就会自动爬起来。

【学习目标】

知识目标

➤ 熟悉陀螺仪传感器的工作原理；

➤ 熟悉微机电系统；

➢掌握机器人运动传感器的工作原理。

技能目标

➢掌握通过 Python 编写程序调用 API，读取陀螺仪传感器数据；

➢掌握通过 Python 编写程序调用 API，控制机器人摔倒后自动爬起。

素质目标

➢通过介绍智能化老年人防摔倒安全气囊，引起学生对社会老龄化问题的关注；

➢通过介绍陀螺仪传感器在航空航天中的应用，增强学生的科学探索精神。

【项目任务】

本任务将基于 Yanshee 机器人，学习陀螺仪、加速度传感器的工作原理等内容，学习使用 Yanshee 机器人陀螺仪传感器相关的 API，通过 Python 编写程序读取机器人陀螺仪传感器数据，并能够控制机器人摔倒后自动爬起。

【知识储备】

3.4.1 陀螺仪

1. 陀螺仪的工作原理

陀螺仪是由陀螺旋转的原理制成的，用于测量物体的角速度。陀螺是围绕着某个固定的支点而快速转动起来的刚体，它的质量是均匀分布的，形状是以轴为对称的，自转轴就是它的对称轴。在一定力矩的作用下，陀螺会一直在自转，而且还会围绕着一个不变的轴一直在旋转，称作陀螺的旋进或者是回转效应。例如很多孩子小时候玩的陀螺，如图 3-38 所示。

陀螺仪是测量运动物体的角度、角速度和角加速度的装置，因此又被称为角速度传感器，用于感测和维持方向，如图 3-39 所示。通过积分角速度 ω 可获得陀螺仪偏转角度值。陀螺仪的定向性使它能测量 360° 范围内的角度变化，可以测量得到物体的角速度，通过信号积分处理，可以获得物体的姿态（倾角）信息。

图 3-38　陀螺

图 3-39　三轴陀螺仪

陀螺仪最早是用于航海导航，陀螺仪可作为自动控制系统中信号传感器，能提供准确水平、位置、速度和加速度等信号，可以实现检测平衡，自动导航仪来控制飞机、舰船或航天飞机等航行。陀螺仪同时能提供准确的方位，在导弹、卫星运载器或空间探测火箭等航行体的制导中，则直接利用这些信号完成航行体的姿态控制（位置信号）和轨道控制（方向信号）。

2. 陀螺仪的特性

1）定轴性

当陀螺转子以高速旋转时，在没有任何外力矩作用在陀螺仪上时，陀螺仪的自转轴在惯性空间中的指向保持稳定不变，即指向一个固定的方向；同时反抗任何改变转子轴向的力量，这种物理现象称为陀螺仪的定轴性或稳定性。转子的转动惯量越大，稳定性越好；转子角速度越大，稳定性越好。

2）进动性

当转子高速旋转时，若外力矩作用于外环轴，陀螺仪将绕内环轴转动；若外力矩作用于内环轴，陀螺仪将绕外环轴转动。其转动角速度方向与外力矩作用方向互相垂直。进动角速度的方向取决于动量矩 H 的方向（与转子自转角速度矢量的方向一致）和外力矩 M 的方向，而且是自转角速度以最短的路径追赶外力矩。

3. 陀螺仪的分类

按原理，可分为机电类陀螺仪和光电类陀螺仪。机电类陀螺仪有滚珠轴承支撑陀螺仪、液浮陀螺仪、气浮陀螺仪、静电陀螺仪、新型振动陀螺仪等；光电类陀螺仪有激光陀螺仪、光纤陀螺仪、原子干涉陀螺仪、集成光学陀螺仪等。

按应用，可分为机械陀螺仪、电子陀螺仪和光学陀螺仪三种类型。机械陀螺仪是最早出现的陀螺仪，电子陀螺仪是利用电子元件来测量旋转角度和速度的，光学陀螺仪是利用光学元件来测量旋转角度和速度的。陀螺仪按用途来分，可以分两种，一种是传感陀螺仪，用于飞行体运动的自动控制系统中，作为水平、垂直、俯仰、航向和角速度传感器；另一种是指示陀螺仪，主要用于飞行状态的指示，作为驾驶和领航仪表使用。

4. 陀螺仪应用举例

陀螺仪的应用十分广泛，不仅被应用在导航、船舶、航空等领域，还被广泛用于科学研究、教育实验等方面。

例如，在无人机飞行控制系统中，陀螺仪能够感知和测量无人机的姿态变化，并将这些信息反馈给控制系统，从而实现无人机的姿态控制和稳定飞行。

通过利用三轴陀螺仪，可以实现对运动物体平衡的控制，如航模直升机上采用的便是该陀螺仪传感器。又如自平衡云台，如图 3-40 所示。

陀螺仪的具体应用如下：

（1）航空航天：陀螺仪被用于测量和维持飞机的方向。陀螺仪可以帮助飞行员和自动驾驶系统知道飞机或航天器的姿态，以便进行适当的操纵。

（2）潜艇和海洋航行：潜艇使用陀螺仪来确定其在水下的姿态和方向，以便进行导航。

（3）惯性导航系统：这些系统使用陀螺仪和加速度计来测量一个物体的运动状态，然后通过积分运算计算出物体的位置。这种

图 3-40　自平衡云台

系统在 GPS 信号无法接收的环境中非常有用，比如地下、室内、深海或者是深空。

（4）智能手机和游戏控制器：这些设备中的陀螺仪可以检测设备的方向和运动，用于改善用户界面和游戏体验。例如，智能手机可以自动检测其是横向还是纵向，并据此旋转屏幕。游戏控制器可以检测玩家的手部运动，并将其转化为游戏中的动作。

（5）机器人：机器人使用陀螺仪来帮助维持平衡，特别是在两轮自平衡机器人和四足或双足机器人中。

3.4.2 加速度传感器

1. 加速度传感器的工作原理

加速度传感器是一种能够测量加速力的电子设备。加速力就是当物体在加速过程中作用在物体上的力，加速力可以是个常量，比如 g，也可以是变量。

加速度传感器有两种：一种是角加速度传感器，常用于测量倾角，另一种就是线加速度传感器，用于测量运动物体的加速度。

当倾角传感器静止时也就是侧面和垂直方向没有加速度作用，那么作用在它上面的只有重力加速度。重力垂直轴与加速度传感器灵敏轴之间的夹角就是倾斜角。

图 3-41 所示为输出模拟量的加速度传感器原理。

$$\Delta u = kg\sin\theta \approx kg\theta$$

式中，g 为重力加速度；θ 为车模倾角；k 为加速度传感器灵敏度系数。当倾角 θ 比较小的时候，输出电压的变化可以近似与倾角成正比。

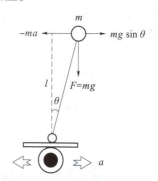

图 3-41 输出模拟量的加速度传感器原理

2. 加速度传感器的应用举例

1）游戏控制

加速度传感器可以检测上下左右的倾角变化，通过前后倾斜手持设备来实现对游戏中物体的前后左右的方向控制，如图 3-42 所示。

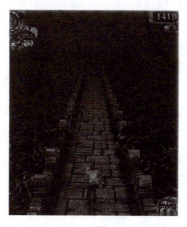

图 3-42 加速度传感器的应用

2）图像自动翻转

用加速度传感器检测手持设备的旋转动作及方向，实现手机所要显示图像的转正。

3. 加速度传感器与陀螺仪组合应用

加速度传感器与陀螺仪组合应用通常是为了实现六轴传感器，可以同时测量物体的旋转和加速度，并将数据传输到计算机或其他装置中，以进一步分析和应用。

加速度传感器和陀螺仪各自为导航系统带来了强大的优势，然而，两者都有数据不确定性。这两个传感器都在收集相同现象的数据，将输出数据合并到两个传感器中是一个不错的选择。这可以通过传感器融合策略来完成，传感器融合技术将不同来源的感觉数据结合起来，生成更准确的信息。

需要注意的是，加速度传感器和陀螺仪的组合应用通常会受到一些限制，例如，加速度传感器无法测量物体的绝对角速度，只能测量相对于某个参考点的相对加速度，而陀螺仪则无法测量物体的绝对加速度，只能测量相对于某个参考点的角速度。因此，在设计和应用时需要充分考虑这些限制，并进行适当的校准和补偿。

图 3-43　两轮平衡车

加速度传感器用于测量和报告物体的加速度。在两轮平衡车中，加速度传感器可以用于检测车辆的倾斜和移动，从而控制车辆的行驶。两轮平衡车通常会配备陀螺仪和加速度传感器两种传感器，以实现更精确的车辆控制，如图 3-43 所示。陀螺仪可以检测车辆的旋转和方向，而加速度传感器则可以检测车辆的倾斜和移动。这些传感器数据会被控制板处理和解释，以控制车辆的行驶。例如，当车辆向前倾斜时，加速度传感器可以检测到这种倾斜，并将信号发送到控制板。控制板会解释这个信号，并命令电动机以适当的速度向前旋转，以保持车辆的平衡和行驶。

加速度传感器与陀螺仪组合应用场景通常包括：

（1）惯性导航系统：加速度传感器和陀螺仪都可用于惯性导航系统，加速度传感器可以测量物体的加速度来确定其当前的速度和位置，陀螺仪可以测量物体的角速度来确定其当前的位置和方向，两者结合起来可以实现高精度的导航。

例如，无人机中的加速度传感器和陀螺仪可以用于实现无人机的飞行稳定、自动控制、导航等功能，还可以用于无人机拍摄的防抖等功能。例如，机器人中的加速度传感器和陀螺仪可以用于实现机器人的运动控制、平衡调节、姿态调整等功能，还可以用于机器人的导航、避障等功能。

（2）运动检测：加速度传感器和陀螺仪可以用于检测物体的运动状态，例如步数计数器就是利用加速度传感器来检测人体行走时的加速度变化模式，从而计算出人走的步数，而陀螺仪则可以用于检测物体的旋转运动。

例如，手机中的加速度传感器和陀螺仪可以用于实现手机的防抖、自动翻转、自动旋转等功能，还可以用于游戏控制、健身追踪器等。智能手表中的加速度传感器和陀螺仪可以用于实现手表的计步、睡眠监测、运动模式识别等功能，还可以用于健康监测、安全防护等功能。

（3）虚拟现实：在虚拟现实中，加速度传感器和陀螺仪可以用于检测用户的动作。

例如，在游戏中通过检测用户的移动和旋转来实现游戏画面的变化，提供更加真实的游戏体验。例如，头戴式显示器（HMD）中，加速度传感器和陀螺仪可被用于六自由度（6DoF）跟踪，它可以提供更精确的头部位置和方向跟踪。

3.4.3　微机电系统

微机电系统（MEMS，Micro-Electro-Mechanical System），也叫作微电子机械系统、微系统、微机械等，指尺寸在几毫米乃至更小的高科技装置。微机电系统其内部结构一般在微米甚至纳米量级，是一个独立的智能系统。

1. MEMS 的组成

微机电系统是在微电子技术（半导体制造技术）基础上发展起来的，融合了光刻、腐蚀、薄膜、LIGA、硅微加工、非硅微加工和精密机械加工等技术制作的高科技电子机械器件。微机电系统是集微传感器、微执行器、微机械结构、微电源、微能源、信号处理和控制电路、高性能电子集成器件、接口、通信等于一体的微型器件或系统。MEMS 组成框图如图 3-44 所示。

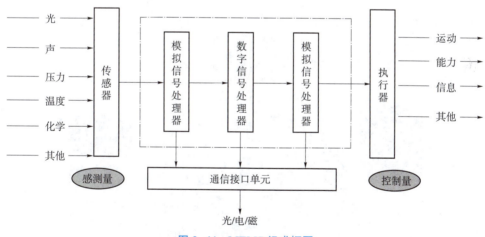

图 3-44　MEMS 组成框图

MEMS 是一项革命性的新技术，广泛应用于高新技术产业，是一项关系到国家的科技发展、经济繁荣和国防安全的关键技术。MEMS 侧重于超精密机械加工，涉及微电子、材料、力学、化学、机械学诸多学科领域。

2. MEMS 的特点

MEMS 的操作范围在微米范围内，是微型化、低成本、低功耗、高可靠、高精度、高集成度、高性能的体现。MEMS 传感器是采用微电子和微机械加工技术制造出来的新型传感器，与传统的传感器相比，它具有体积小、质量轻、成本低、功耗低、可靠性高，适于批量化生产、易于集成和实现智能化的特点。MEMS 产品类型如图 3-45 所示。

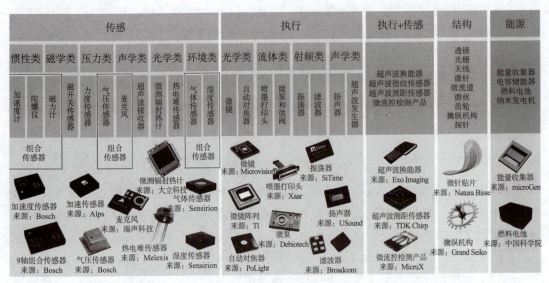

图 3-45　MEMS 产品类型

3. MEMS 的应用场景

MEMS 传感器的应用场景比较广泛，如图 3-46 所示，具体应用如下：

（1）在智能手机上，MEMS 传感器在声音性能、场景切换、手势识别、方向定位，以及温度/压力/湿度传感器等方面的广泛应用。

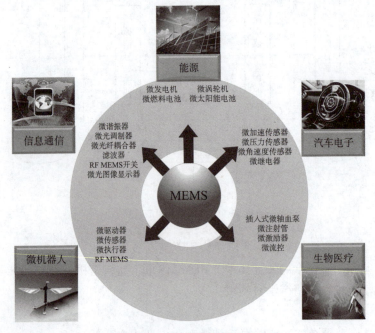

图 3-46　MEMS 传感器的应用场景

（2）在汽车领域，MEMS 传感器借助气囊碰撞传感器、胎压监测系统（TPMS）和车辆稳定性控制增强车辆的性能。

（3）在可穿戴应用中，MEMS 传感器可实现运动追踪、心跳速率测量等。

（4）在医疗领域，通过 MEMS 传感器成功研制出微型胰岛素注射泵，并使心脏搭桥移植和人工细胞组织成为现实中可实际使用的治疗方式。

总之，MEMS 传感器对各种传感装置的微型化起着巨大的推动作用，已在太空卫星、飞机、各种车辆、生物医学等领域中得到了广泛的应用。

3.4.4 机器人运动传感器

1. Yanshee 机器人运动传感器

Yanshee 机器人内置的运动传感器型号是 MPU9250，它内部集成了 MPU6050 和 AK8963，其中 MPU6050 为 6 轴运动传感器（集成了 3 轴 MEMS 陀螺仪，3 轴 MEMS 加速度传感器），AK8963 为 3 轴电子罗盘。

MPU9250 在机器人中的位置示意如图 3-47 所示。Yanshee 机器人使用的 MPU9250 内置有 DMP 姿态融合器，所以可以很方便地得到三维角度值，如图 3-48 所示。MPU9250 芯片如图 3-49 所示。

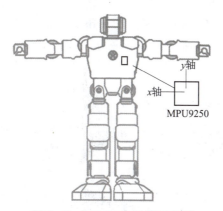

图 3-47　MPU9250 位置示意图

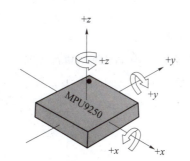

图 3-48　MPU9250 的 x、y、z 轴示意图

MPU6050 是一种 6 轴运动跟踪设备，包含 3 轴陀螺仪、3 轴加速度传感器、运动处理器、温度传感器，可以通过 IIC 总线接口与微控制器进行通信，也可以通过辅助 IIC 总线与其他传感器设备通信，如 3 轴磁力传感器、压力传感器等。

MPU6050 的角速度感测范围为±250°/s、±500°/s、±1 000°/s 与±2 000°/s，可准确追踪快速与慢速动作。如果连接到 3 轴磁强传感器，MPU60X0 可以提供完整的 9 轴运动融合输出。此外，MPU60X0 也可以通过 IIC 或 SPI 端口进行数字输出，传输速率可达400 kHz/s。

图 3-49　MPU9250 芯片

2. 工作原理

在一些对角度要求不高的场合，要得到角度，只用加速度传感器就可以了，比如做一个自平衡小车。可是要得到一个更加精确的角度，就需要用到陀螺仪了，比如四旋翼飞行器。陀螺仪测量的是角度的变化率，对这个变化率积分，就可以得到角度值。

1）通过加速度传感器来获得角度

首先我们知道重力加速度可以分解成 x、y、z 三个方向的分加速度。而加速度传感器可以测量某一时刻 x、y、z 三个方向的加速度值。利用各个方向的分量与重力加速度的比值来计算出小车大致的倾角。其实自平衡小车在运动的时候，加速度传感器测出的结果并不是非常精确的。因为物体时刻都会受到地球的万有引力作用产生一个向下的重力加速度，而小车在动态时，受电动机的作用肯定有一个前进或者后退方向的作用力，而加速度传感器测出的结果是，重力加速度与小车运动加速度合成得到一个总的加速度在三个方向上的分量，这是加速度传感器测不准的一个原因。我们这里先理想化加速度传感器不受外界干扰。

下边分析加速度得到角度的方法。把加速度传感器平放，分别画出 x、y、z 轴的方向，这三个轴就是后边分析所要用到的坐标系，如图 3-50 所示。

假设 MPU6050 安装在自平衡车上时也是水平安装在小车底盘上的，假设两个车轮安装时车轴和 y 轴在一条直线上。那么小车摆动时，参考水平面就是桌面，并且车轴（y轴）与桌面始终是平行的，小车摆动和移动过程中 y 轴与桌面的夹角是不会发生变化的，一直是 0°。发生变化的是 x 轴与桌面的夹角以及 z 轴与桌面的夹角，而且桌面与 x 轴、z 轴夹角变化度数是一样的。所以我们只需要计算出 x 轴和 z 轴中任意一个轴的夹角就可以反映出小车的倾斜情况了。

为了方便分析，由于 y 轴与桌面夹角始终不变，我们从 y 轴的方向俯看下去，那么这个问题就会简化成只有 x 轴和 z 轴的二维关系。假设某一时刻小车上加速度计（MPU6050）处于以下状态，图 3-51 所示为简化后的模型。

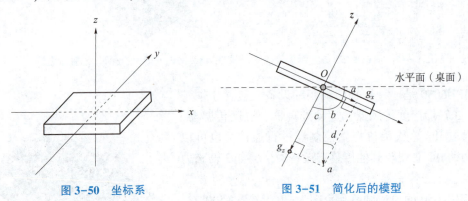

图 3-50　坐标系　　　　　　　　　图 3-51　简化后的模型

在图 3-51 中，y 轴已经简化和坐标系的原点 O 重合在了一起。我们来看看如何计算出小车的倾斜角，也就是与桌面的夹角 a。g 是重力加速度，g_x、g_z 分别是 g 在 x 轴和 z 轴的分量。

由于重力加速度是垂直于水平面的，得到：$\angle a + \angle b = 90°$，$x$ 轴与 y 轴是垂直关系，得到，$\angle c + \angle b = 90°$。

于是就可以得出：$\angle a = \angle c$。

根据力的分解，g、g_x、g_z 三者构成了一个长方形，根据平行四边形的原理，可以得出 $\angle c=\angle d$。所以计算出 $\angle d$ 就等效于计算出了 x 轴与桌面的 $\angle a$。前边已经说过 g_x 是 g 在 x 轴的分量，那么根据正弦定理就可以得出

$$\sin\angle d=g_x/g$$

所以 $\angle a=\angle d=\arcsin(g_x/g)$。

2) 通过陀螺仪来测量角度

陀螺仪读出的是角速度，角速度乘以时间就是转过的角度。把每次计算出的角度做累加就会得到当前所在位置的角度。

假设最初陀螺仪是与桌面平行，单片机每 t_{ms} 读一次陀螺仪的角速度，当读了三次角速度以后 z 轴转到如图 3-52 所示的位置，则在这段时间中转过的角度为 x：

$$\angle x=\angle 1+\angle 2+\angle 3$$

假设从陀螺仪读出的角速度为 ω，那总角度为：$X=(\omega_1 t_1+\omega_2 t_2+\omega_3 t_3)/1\,000$。假设经过 n 次，那么总的角度如下：$X=(\omega_1 t_1+\omega_2 t_2+\omega_3 t_3+\cdots+\omega_n t_n)/1\,000$。

实际上这就是一个积分过程，其实这种计算出来的角度也存在一定的误差，而且总的角度是经过多次相加得到的，这样误差就会越积累越大，最终导致计算出的角度与实际角度相差很大。我们可以使用比较常见的卡尔曼滤波（当然还有其他融合方式）把加速度传感器读出的角度结合在一起，使计算出的角度更准确。

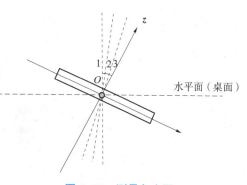

图 3-52　测量角度图

【项目实施】

任务准备

1. 准备设施/设备

2.4 GHz 无线网络、智能人形机器人、无线键盘、无线鼠标、配套传感器、HDMI 线、计算机（已安装树莓派 Raspbian 系统、Linux 系统、Python 环境）、手机（已安装 Yanshee APP）。

2. 检查设施/设备

检查 Yanshee 机器人开关机是否正常；

检查 Yanshee 机器人联网是否正常；

检查 Yanshee 机器人各舵机是否正常。

任务实施

1. 读取陀螺仪传感器数据

在 Yanshee 机器人开发应用中，YanAPI 中用于读取陀螺仪传感器数据的接口函数有 get_sensors_gyro。

函数功能：获取红外距离传感器值。

语法格式：

```
get_sensors_gyro( )
```

返回类型：dict，其返回说明如下。

```
{
    code：integer    返回码,0表示正常
    data：
        {
            gyro：
                [
                    {
                        id：integer    传感器 ID 值,取值:1~127
                        gyro-x：number(float)    陀螺仪传感器 x
                        gyro-y：number(float)    陀螺仪传感器 y
                        gyro-z：number(float)    陀螺仪传感器 z
                        accel-x：number(float)    加速度传感器 x
                        accel-y：number(float)    加速度传感器 y
                        accel-z：number(float)    加速度传感器 z
                        compass-x：number(float)    加速度传感器 x
                        compass-y：number(float)    加速度传感器 y
                        compass-z：number(float)    加速度传感器 z
                        euler-x：number(float)    欧拉角 x
                        euler-y：number(float)    欧拉角 y
                        euler-z：number(float)    欧拉角 z
                    }
                ]
        }
    msg：string    提示信息
}
```

读取陀螺仪传感器数据的基础程序如图 3-53 所示，读取陀螺仪传感器数据的结果如图 3-54 所示。

```
1   #!/usr/bin/env
2
3   import YanAPI as api
4
5   gyro = api.get_sensors_gyro()
6   id = gyro['data']['gyro'][0]['id']
7   gyro_x = gyro['data']['gyro'][0]['gyro-x']
8   gyro_y = gyro['data']['gyro'][0]['gyro-y']
9   gyro_z = gyro['data']['gyro'][0]['gyro-z']
10  euler_x = gyro['data']['gyro'][0]['euler-x']
11  euler_y = gyro['data']['gyro'][0]['euler-y']
12  euler_z = gyro['data']['gyro'][0]['euler-z']
13  accel_x = gyro['data']['gyro'][0]['accel-x']
14  accel_y = gyro['data']['gyro'][0]['accel-y']
15  accel_z = gyro['data']['gyro'][0]['accel-z']
16  compass_x = gyro['data']['gyro'][0]['compass-x']
17  compass_y = gyro['data']['gyro'][0]['compass-y']
18  compass_z = gyro['data']['gyro'][0]['compass-z']
19  print('Read Sensors id:%d'%id)
20  print('Read Sensors gyro-x:%d'%gyro_x)
21  print('Read Sensors gyro-y:%d'%gyro_y)
22  print('Read Sensors gyro-z:%d'%gyro_z)
23  print('Read Sensors euler-x:%d'%euler_x)
24  print('Read Sensors euler-y:%d'%euler_y)
25  print('Read Sensors euler-z:%d'%euler_z)
26  print('Read Sensors accel-x:%d'%accel_x)
27  print('Read Sensors accel-y:%d'%accel_y)
28  print('Read Sensors accel-z:%d'%accel_y)
29  print('Read Sensors compass-x:%d'%compass_x)
30  print('Read Sensors compass-y:%d'%compass_y)
31  print('Read Sensors compass-z:%d'%compass_z)
```

图 3-53　读取陀螺仪传感器数据的基础程序

```
pi@raspberrypi:~/Desktop $ python3 gyro.py
Read Sensors id:104
Read Sensors gyro-x:1
Read Sensors gyro-y:0
Read Sensors gyro-z:0
Read Sensors euler-x:86
Read Sensors euler-y:1
Read Sensors euler-z:91
Read Sensors accel-x:0
Read Sensors accel-y:0
Read Sensors accel-z:0
Read Sensors compass-x:-12
Read Sensors compass-y:-114
Read Sensors compass-z:17
```

图 3-54　读取陀螺仪传感器数据的结果

2. 读取机器人角度

通过 Python 编程对机器人陀螺仪传感器的欧拉角进行读取，执行相关程序代码如图 3-55 所示。

```
# -*- coding: utf-8 -*-
import YanAPI
import time
ip_addr = "127.0.0.1" # please change to your yanshee robot IP
YanAPI.yan_api_init(ip_addr)
res = YanAPI.get_sensors_gyro()
print(res)
if len(res["data"]["gyro"])>0:
    print("\n detect gyro value:")
    print(res["data"]["gyro"][0])
```

图 3-55　读取机器人角度程序

后仰时运行结果如图 3-56 所示，趴倒时运行结果如图 3-57 所示。

```
# -*- coding: utf-8 -*-
import YanAPI
import time
ip_addr = "127.0.0.1" # please change to your yanshee robot IP
YanAPI.yan_api_init(ip_addr)
res = YanAPI.get_sensors_gyro()
print(res)
if len(res["data"]["gyro"])>0:
    print("\n detect gyro value:")
    print(res["data"]["gyro"][0])
```

图 3-56　后仰时运行结果

```
# -*- coding: utf-8 -*-
import YanAPI
import time
ip_addr = "127.0.0.1" # please change to your yanshee robot IP
YanAPI.yan_api_init(ip_addr)
res = YanAPI.get_sensors_gyro()
print(res)
if len(res["data"]["gyro"])>0:
    print("\n detect gyro value:")
    print(res["data"]["gyro"][0])
```

图 3-57　趴倒时运行结果

3. 控制机器人摔倒后自动爬起

通过上面的测试，我们知道当机器人前趴时，角度约为 0°，机器人后仰时角度约为 180°，考虑到机器人摔倒时的自身结构差异或地面不平，我们简单认为：当 x 轴角度在 −20°~20°时，机器人前趴摔倒；当 x 轴角度在小于 −160°或大于 160°时，机器人后仰摔倒。

当判断机器前趴摔倒时执行 getup_in front 动作（内置动作），当机器人后仰摔倒时执行内置动作 getup_in_back 动作（内置动作），从而让机器人摔倒后自动爬起来。

1）编写程序

编写控制机器人摔倒后自动爬起程序，如图 3-58 所示。

```
1  #!/usr/bin/env
2  # coding=utf-8
3
4  import YanAPI
5
6  while True:
7      gyro = YanAPI.get_sensors_gyro()
8      euler_x = gyro['data']['gyro'][0]['euler-x']
9      print("Read Sensor Value %d " % euler_x)
10     if euler_x > -30 and euler_x < 30:
11         YanAPI.sync_play_motion("getup_in_front")
12     if euler_x < -160 or euler_x >160:
13         YanAPI.sync_play_motion("getup_in_back")
```

图 3-58　控制机器人摔倒后自动爬起程序

2）调试逻辑判断程序

执行逻辑判断程序，对读取的陀螺仪数据进行判断，执行判断结果。

（1）当机器人如图 3-59 所示处于前趴时，终端会出现如图 3-60 所示的结果。

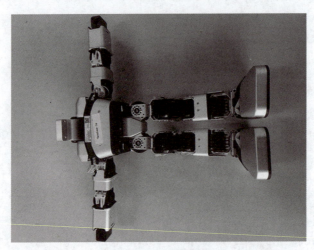

图 3-59　机器人前趴

```
pi@raspberrypi:~/Desktop $ python3 cs.py
Read Sensor Value -1
```

图 3-60　前趴任务执行时终端结果

（2）当机器人如图 3-61 所示处于后倒时，终端会出现如图 3-62 所示的结果。

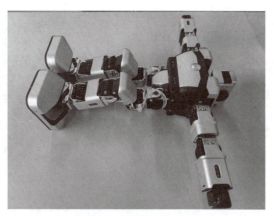

图 3-61　机器人后倒

```
pi@raspberrypi:~/Desktop $ python3 cs.py
Read Sensor Value -173
```

图 3-62　后倒任务执行时终端结果

3）运行程序

（1）当机器人处于前趴时，机器人 Yanshee 会出现以下动作，如图 3-63、图 3-64 所示，最后成功实现任务结果，如图 3-65 所示。

（2）当机器人处于后倒时，机器人 Yanshee 会出现以下动作，如图 3-66、图 3-67 所示，最后成功实现任务结果，如图 3-68 所示。

图 3-63　机器人前趴任务过程 1

图 3-64　机器人前趴任务过程 2

图 3-65　机器人前趴实现任务结果

图 3-66　机器人后倒任务过程 1

图 3-67 机器人后倒任务过程 2

图 3-68 机器人后倒实现任务结果

任务评价

完成本项目中的学习任务后，请对学习过程和结果的质量进行评价和总结，并填写评价反馈表，如表 3-6 所示。自我评价由学习者本人填写，小组评价由组长填写，教师评价由任课教师填写。

表 3-6 评价反馈表

班级		姓名		学号		日期	
自我评价	1. 能够说出陀螺仪的工作原理					□是	□否
	2. 能够说出加速度传感器的工作原理					□是	□否
	3. 能够说出红外传感器的工作原理					□是	□否
	4. 能够调用 YanAPI 测量陀螺仪传感器数据					□是	□否
	5. 能够控制机器人前趴、后倒后自动爬起					□是	□否
	6. 是否能按时上、下课，着装规范					□是	□否
	7. 学习效果自评等级					□优 □良 □中 □差	
	8. 在完成任务的过程中遇到了哪些问题？是如何解决的？						
	9. 总结与反思						

小组评价	1. 在小组讨论中能积极发言	□优　□良　□中　□差
	2. 能积极配合小组完成工作任务	□优　□良　□中　□差
	3. 在查找资料信息中的表现	□优　□良　□中　□差
	4. 能够清晰表达自己的观点	□优　□良　□中　□差
	5. 安全意识与规范意识	□优　□良　□中　□差
	6. 遵守课堂纪律	□优　□良　□中　□差
	7. 积极参与汇报展示	□优　□良　□中　□差
教师评价	综合评价等级： 评语： 　　　　　　　　　　　　　教师签名：　　　　　日期：	

模块3 控制机器人感知世界

在科技飞速发展的今天，陪护机器人、早教机器人在我们的生活中扮演着重要的角色，大家对语音技术的要求越来越高。其实语音技术在很早就走入了大家的生活，从亚马逊的 Echo 到微软的 Cortana，从苹果的语音助手 Siri 到谷歌的 Assistant，语音识别技术的广泛应用为我们的生活带来了许多便利，也给我们的生活增添了一抹色彩。

机器人语音交互技术主要包括以下内容：

语音识别技术：是将人的语音转换为文本的技术，其目标是将人类的语音中的词汇内容转换为计算机可读的输入。

自然语言处理技术：是让计算机理解人类的语言文字，并从中提取有用的信息，进而做出相应的回应。

语音合成技术：是利用计算机将文本转换为人类可读的语音输出，即"说"出计算机处理的内容。

此外，机器人语音交互技术还包括声源定位、回声消除、降噪等处理技术。

本项目将带大家走进机器人的语音世界，借助智能人形服务机器人 Yanshee 配置的双声道立体声喇叭以及回声消除、有效降噪、对话闲聊等功能，了解智能语音的奥秘并与机器人互动起来。

项目 4.1　让机器人实现语音听写

【学习目标】

知识目标

➢ 了解语音与智能语音的概念和特点；

➢ 了解智能语音识别技术的实现流程；

➢ 了解智能语音的硬件基础、智能语音的应用场景；

➢ 掌握语音听写函数的使用方法。

技能目标

➢ 能够通过 Python 编写程序调用 API，实现语音听写功能。

素质目标

➢ 通过智能语音技术的案例，引导学生理解科学精神的意义和价值，培养他们的科学素养和探索精神；

➢强调智能语音技术在社会中的应用和责任，引导学生认识到技术在社会中的双重作用，培养他们的社会责任感和道德意识。

🎵【项目任务】

本任务将基于 Yanshee 机器人，学习使用 Yanshee 机器人语音技术相关的 API，通过 Python 编写，调用机器人语音指令实现语音听写功能，对机器人说"你好"，打印出文本"你好"。

🎵【知识储备】

从 20 世纪 70 年代开始，人类就在不断探索便捷自然的交流方式，不管是计算机时代的键盘，还是智能手机时代的触屏，都是对应时代的创新探索。如今，轮到"AI 语音技术"登场，机器人也能学会听人话、懂人话、讲人话——机器人的语音交互技术体现在哪些方面？首先，当人和机器人交互的时候，需要语音唤醒机器人，让机器人能够进行语音识别。在嘈杂的情况下，语音识别能够定向拾音，知道谁是"说话人"，并且实现远场消噪和回声消除。除了在云端上做识别，离线语音识别同样重要。当语音转为文本的时候，机器人"大脑"开始对文本进行理解，也就是语义理解。在这个过程中，包含了对话管理、纠错、内容管理、上下文信息。机器人开始作答时，我们希望回答是"有温度"的，这就涉及情感和情景，随即机器人会通过"嘴巴"，也就是语音合成来发出声音，完成人类和机器人的对话。

智能语音软件包含 SAAS 类产品、微信、个人助理（Siri、小冰、Home、Alexa）、呼叫中心、智能客服等。智能语音硬件类产品家居：智能音箱、智能电视、智能机顶盒；儿童：儿童机器人、智能故事机、智能学习机；随身：蓝牙语音 TWS 耳机、智能手表、智能翻译；汽车：车载智能导航、手机智能支架、智能车载机器人；商务：智能录音笔、商务录音转写器、智能办公本等。以上的产品形态，使用了智能语音当中全部或部分能力，以满足实际的业务场景需求。人们开始更多地认识和了解语音产品和语音技术，也知道了相关的语音技术供应商，比如科大讯飞、亚马逊的 Alexa、Google 的 Dialog Flow。

智能语音目前从技术上包含几大关键环节，如图 4-1 所示。VSP 信号处理，通过麦克风阵列进行"声学场景"的信号处理，主要研究方向为降噪 NS，对声学场景中的非语音噪声信号进行抑制；语音增强 SE，从含有噪声的语音信号中提取纯净语音；去混响 DER，弱化混响引起的不同步的语音相互叠加，从而提升语音识别效果；回声消除 AEC，去除语音交互设备自己发出的声音（播报、音乐等），而只保留用户的人声；语音活性检测 VAD，检测出一段音频中真正的语音部分；声源定位 DOA，确定发声源的距离、角度等；盲源分离 BSS，从多个语音信号中分离出不同语音信号，例如不同的说话人声。

ASR 模式识别，不局限于将语音识别为文字，更广地针对语音和音频的模式识别，研究方向上涵盖 ASR，通过将人类语音转换为计算机可读的输入，由特征提取、声学模型、语言模型组成，包括近场识别、远场识别，近年的应用中还涉及切分说话人、全双工语音等；声纹识别 VPR，通过比对说话人声纹特征来判断是否为同一个人；语音唤醒 WUW，在连续语流中实时检测出说话人特定片段，将设备从休眠状态激活至运行状态；特定声音检测，识别声音特征，检测音频流当中的特殊事件，例如检测婴儿啼哭、狗叫等；情绪识别，识别声音特征中的性别、年龄、情绪等元素；谎言识别等。

NLP 自然语言处理：自然语言理解 NLU，基于词法分析、句法分析、意图提取和填槽获得语言的含义；对话管理 DM，考虑历史对话信息和上下文的语境等信息进行全面的分析，承载机器的个性和逻辑状态，决定系统要采取的相应动作，如追问、澄清和确认等；自然语言生成 NLG，将机器输出的抽象表达转换为句法合法、语义准确的自然语言句子；内容知识库 CMS，承载机器的通识，对于聊天对象的理解；知识图谱 KG，同知识库结合，扩展机器的认知能力，获得更多相关信息等。

TTS 语音合成：把文字智能地转化为自然语音流，也就是输入是文本，输出是波形；近年个性化 TTS、带有情绪的 TTS 成为热点。

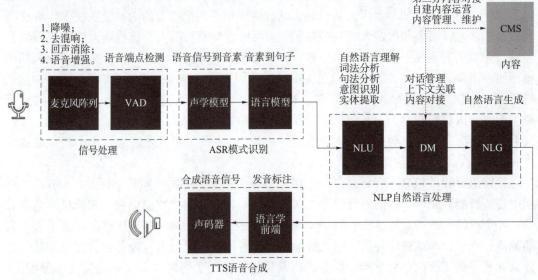

图 4-1　智能语音关键技术环节

机器人"说话"的效果看似一步到位，但背后的技术实现并不简单在语音合成技术（Text to Speech，TTS）方面，如图 4-2 所示，而是将任意文字信息快速转换成清晰自然、富有表现力的音频，相当于给机器装上了"嘴巴"，让机器人"像人一样开口说话"。一般来说，我们都希望文本能直接转成音频，技术发展到今天，才能实现端到端语音合成。然而在这之前，语音合成实际上是分块的，分别是文本分析+声学模型+声码器。通过单元拼接的方式去产生音频，可以说是实现极大商业化的 TTS 系统，如图 4-3 所示。

4.1.1　语音概述

语音是指人类通过发音器官发出来的、具有一定意义的、目的是用来进行社会交际的声音。在语言的形、音、义三个基本属性当中，语音是第一属性，人类的语言首先是以语音的形式形成，世界上有无文字的语言，但没有无语音的语言，语音在语言中起决定性的支撑作用。

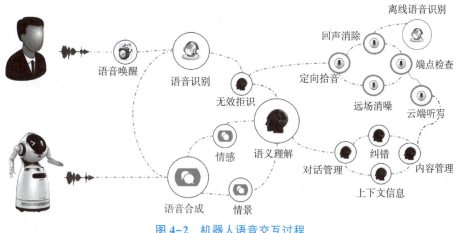

图4-2　机器人语音交互过程

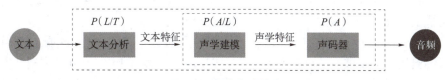

图4-3　语音合成技术

1. 音频的基本知识

语音的三大关键成分分别为信息、音色和韵律，其物理学要素包含音高、音强、音长和音色。音高指的是声音的高低，主要取决于发音体振动频率（频率是指在单位时间内振动的次数）的大小，与频率成正比。音强指的是声音的强弱，主要取决于发音体的振幅（振幅指发音体振动时最大的幅度）大小，与发音体的振幅成正比。音长指的是声音的长短，主要取决于发音体振动持续时间的长短。音色指的是声音的个性或特色，主要取决于发音体振动的形式，发音器官的不同形态决定语音发音体的振动形式，即决定了语音音色不同。声音的三要素：

1）音调

人耳对声音高低的感觉称为音调（也叫音频）。音调主要与声波的频率有关。声波的频率高，则音调也高。当我们分别敲击一个小鼓和一个大鼓时，会感觉它们所发出的声音不同。小鼓被敲击后振动频率快，发出的声音比较清脆，即音调较高，而大鼓被敲击后振动频率较慢，发出的声音比较低沉，即音调较低。一般音频儿童>女生>男生。人耳听觉音频范围是 20~20 000 Hz。

2）音量

也就是响度。人耳对声音强弱的主观感觉称为响度。响度和声波振动的幅度有关。声波振动幅度越大则响度也越大。当我们用较大的力量敲鼓时，鼓膜振动的幅度大，发出的声音响；轻轻敲鼓时，鼓膜振动的幅度小，发出的声音弱。人们对响度的感觉还和声波的频率有关，同样强度的声波，如果其频率不同，人耳感觉到的响度也不同。

3）音色

也就是音品。音色是人们区别具有同样响度、同样音调的两个声音之所以不同的特性，或者说是人耳对各种频率、各种强度的声波的综合反映。音色与声波的振动波形有关，或者说与声音的频谱结构有关。音叉（一种乐器）可产生一个单一频率的声波，其波形为正弦波。但实际上人们在自然界中听到的绝大部分声音都具有非常复杂的波形，这些波形由基波和多种谐波构成。谐波的多少和强弱构成了不同的音色。各种发声物体在发出同一音调声音时，其基波成分相同。但由于谐波的多少不同，并且各谐波的幅度各异，因而产生了不同的音色。

声音是一种振动，它会形成波，然后通过空气、水或者固体进行传播。可以通过两种形式改变这个振动，一种是通过改变它们的频率，即这个振动振得有多快，称之为音高；另一种是通过改变它们的振幅，即这个振动具有的能量大小，称为音量。

2. 声道及码率

1）声音特性

声音是由物体振动产生的声波，是通过介质传播并能被人或动物听觉器官所感知的波动现象。最初发出振动的物体叫声源。声音以波的形式振动传播。声音是声波通过任何介质传播形成的运动。

频率：是每秒经过一给定点的声波数量，它的测量单位为 Hz，1 kHz 或 1 000 Hz 表示每秒经过一给定点的声波有 1 000 个周期，1 MHz 就是每秒有 1 000 000 个周期，等等。

音节：就是听觉能够自然察觉到的最小语音单位，音节由声母、韵母、声调三部分组成。一个汉字的读音就是一个音节，一个英文单词可能由一个或多个音节构成，并且按照音节的不同，可以分为不同的种类。

音素：它是从音节中分析出来的最小语音单位，语音分析到音素就不能再分了。比如，"她穿红衣服"是 5 个音节，而"红"又可进一步分为 3 个音素——h、o、ng。音素的分析需要一定的语音知识，但是，如果我们读得慢一点还是可以体会到的。

音位：是指能够区分意义的音素，比如 bian、pian，bu、pu 就是靠 b、p 两个音素来区分的，所以 b、p 就是两个音位。

人耳能听到的音频范围：20 Hz～20 kHz。人说话的声音频率：300 Hz～3.4 kHz。乐器的音频范围：20 Hz～20 kHz。

2）语音时域特性

语音信号有时变特性，是一个非平稳的随机过程。但在一个短时间范围内其特性基本保持不变，即语音的"短时平稳性"。在时域，语音信号可以直接用它的时间波形表示出来。其中，清音段类似于白噪声，具有较高的频率，但振幅很小，没有明显的周期性；而浊音都具有明显的周期性且幅值较大，频率相对较低。语音信号的这些时域特征可以通过短时能量、短时过零率等方法来分析。

采样频率是在时间轴上对模拟信号进行数字化，根据奈奎斯特定理（采样定理），按照比待采样信号最高频率 2 倍以上的频率进行采样（A/D 转换）。频率在 20 Hz～20 kHz 的声音是可以被人耳识别的，所以采样频率一般为 40 kHz 左右，常用的音乐为 44.1 kHz（44 100 次/s 采样）、48 kHz（48 000 次/s 采样）等。

采样位数是指每个采样点能够表示的数据范围（纵坐标范围）。把数据存储成二进制，意味着如果用 n 个二进制位来存储每个幅度值，总共可以表示的数值数量为 2^n。

声道数是指支持能不同发声的音响的个数，常用的声道数有单声道 mono、立体声

stereo（左声道和右声道）。立体声比单声道的表现力丰富，但是数据量也会翻倍。

比特率也叫码率，是指在一个数据流中每秒能通过的信息量，也可以理解为：每秒用多少比特的数据量去表示。原则上，音频位速越高质量越好，单位为 kb/s。音频数据的比特率文件大小计算公式如下：

比特率＝采样率×采样位宽×声道数

例如，音频的相关参数为，采样位宽 16 bit，采样率 44 100 Hz，声道数 2，则该段音频的数据比特率为：44 100×16×2＝1 411.2（kb/s）。

所以，采样率、采样位宽及声道数都会影响比特率和文件大小。

3. 音频的处理

声音信号是连续的模拟信号，要让计算机处理首先要转换成离散的数字信号，进行采样处理。正常人听觉的频率范围在 20 Hz~20 kHz，为了保证音频不失真影响识别，同时数据又不会太大，通常的采样频率为 16 kHz。

在数字化的过程中，首先要判断端头，确定语音的开始和结束，然后进行降噪和过滤处理（除了人声之外，存在很多的噪声），保证让计算机识别的是过滤后的语音信息。获得了离散的数字信号之后，为了进一步的处理我们还需要对音频信号分帧。因为离散的信号单独计算数据量太大，按点去处理容易出现毛刺，同时从微观上来看一段时间内人的语音信号一般是比较平稳的，称为短时平稳性，所以需要将语音信号分帧，便于处理。

我们的每一个发音，称为一个音素，是语音中的最小单位，比如普通话发音中的元音、辅音。不同的发音变化是由于人口腔肌肉的变化导致的，这种口腔肌肉运动相对于语音频率来说是非常缓慢的，所以我们为了保证信号的短时平稳性，分帧的长度应当小于一个音素的长度，当然也不能太小，否则分帧没有意义。通常一帧为 20~50 ms，同时帧与帧之间有交叠冗余，避免一帧的信号在两个端头被削弱了影响识别精度。常见的比如帧长为 25 ms，两帧之间交叠 15 ms，也就是说每隔 25-15＝10（ms）取一帧，帧移为 10 ms，分帧完成之后，信号处理部分算是完成。

随后进行的是整个过程中极为关键的特征提取。将原始波形进行识别并不能取得很好的识别效果，而需要进行频域变换后提取的特征参数用于识别。常见的一种变换方法是提取 MFCC 特征，根据人耳的生理特性，把每一帧波形变成一个多维向量，可以简单地理解为这个向量包含了这帧语音的内容信息。

特征提取完成之后，就进入了特征识别、字符生成环节。这部分的核心工作就是从每一帧当中找出当前说的音素，由多个音素组成单词，再由单词组成文本句子。其中最难的当然是从每一帧中找出当前说的音素，因为我们每一帧是小于一个音素的，多个帧才能构成一个音素，如果最开始就错了，则后续很难纠正。

怎么判断每一个帧属于哪个音素呢？最容易实现的办法就是概率，看哪个音素的概率最大，则这个帧就属于哪个音素。如果每一帧有多个音素的概率相同怎么办，毕竟这是可能的，每个人口音、语速、语气都不同，人也很难听清楚你说的到底是 Hello 还是 Hallo。而我们语音识别的文本结果只有一个，不可能还让人参与选择进行纠正。这时候多个音素组成单词的统计决策、单词组成文本的统计决策就发挥了作用，它们也是同样的基于概率：音素概率相同的情况下，再比较组成单词的概率，单词组成之后再比较句子的概率。

　　声学模型，发声的基本音素状态和概率，尽量获得不同人、不同年纪、性别、口音、语速的发声语料，同时尽量采集多种场景安静的、嘈杂的、远距离的发声语料生成声学模型。为了达到更好的效果，针对不同的语言、不同的方言会用不同的声学模型，在提高精度的同时降低计算量。

　　语言模型，单词和语句的概率，使用大量的文本训练出来。如果模型中只有两句话"今天星期一"和"明天星期二"，那我们就只能识别出这两句，而我们想要识别更多，只需要涵盖足够的语料就行，不过随之而来的就是模型增大、计算量增大。所以我们实际应用中的模型通常是限定应用域的，如智能家居的、导航的、智能音箱的、个人助理的、医疗的等，降低计算量的同时还能提高精度。

　　词汇模型，针对语言模型的补充，语言词典和不同的发音标注，如定期更新的地名、人名、歌曲名称、热词、某些领域的特殊词汇等。

4. 语音的硬件基础

1）麦克风

　　麦克风，学名为传声器，由英语 Microphone（送话器）音译而来，也称话筒、微音器。这是一种将声音转换成电子信号的换能器，即把声信号转成电信号，这其实和光电转换的原理是完全一致的。图 4-4（a）所示为一款智能机器人内部麦克风电路板，麦克风电路板与主板 MIC 接口的连接如图 4-4（b）所示。

（a）　　　　　　　　　　　　　　（b）

图 4-4　麦克风

（a）麦克风电路板；（b）麦克风连接图

　　在实际应用中，远场语音识别采用的是麦克风阵列方式，即由一定数目的声学传感器（一般是麦克风）组成，用来对声场的空间特性进行采样并处理的系统。

2）扬声器

　　扬声器又称"喇叭"，是一种把电信号转变为声信号的换能器件，扬声器的性能优劣对音质的影响很大。音频电能通过电磁、压电或静电效应，使其纸盆或膜片振动并与周围的空气产生共振（共鸣）而发出声音。扬声器是一种十分常用的电声换能器件，在发声的电子电气设备中都能见到它。

　　双声道就是实现立体声的原理，在空间放置两个互成一定角度的扬声器，每个扬声器单独由一个声道提供信号。而每个声道的信号在录制的时候就经过了处理：处理的原则是模仿人耳在自然界听到声音时的生物学原理，表现在电路上基本也就是两个声道信号在相位上有所差别，这样当站到两个扬声器的轴心线相交点上听声音时就可感受到立体声的效果。图4-5（a）所示为一款智能机器人的喇叭与主板的连接，喇叭与主板接口的连接如图4-5（b）所示。

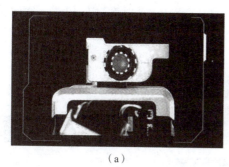 

（a）　　　　　　　　　　　　（b）

图4-5　扬声器

（a）喇叭与主板的连接；（b）喇叭与主板接口的连接

4.1.2　语音识别技术

人类有五种感官，它们分别是视觉、听觉、味觉、嗅觉和触觉，其中视觉和听觉尤为重要，是人类认识世界的基本感官。机器人也有视觉和听觉，图像识别让机器人有了视觉，语音识别让机器人有了听觉。20世纪90年代前期，许多著名的大公司如IBM、苹果、AT&T和NTT都对语音识别系统的实用化研究投以巨资。语音识别技术有一个很好的评估机制，那就是识别的准确率，而这项指标在20世纪90年代中后期实验室研究中得到了不断的提高。IBM公司于1997年开发出汉语ViaVoice语音识别系统，次年又开发出可以识别上海话、广东话和四川话等地方口音的语音识别系统ViaVoice'98。它有一个32 000词的基本词汇表，可以扩展到65 000词，还包括办公常用词条，具有"纠错机制"，其平均识别率可以达到95%。该系统对新闻语音识别具有较高的精度，是目前具有代表性的汉语连续语音识别系统。

我国语音识别研究工作起步于20世纪50年代，近年来发展很快。研究水平也从实验室逐步走向实用。清华大学电子工程系语音技术与专用芯片设计课题组，研发的非特定人汉语数码串连续语音识别系统的识别精度达到94.8%（不定长数字串）和96.8%（定长数字串）。在有5%的拒识率情况下，系统识别率可以达到96.9%（不定长数字串）和98.7%（定长数字串），这是目前国际最好的识别结果之一，其性能已经接近实用水平。研发的5 000词邮包校核非特定人连续语音识别系统的识别率达到98.73%，前三选识别率达99.96%；并且可以识别普通话与四川话两种语言，达到实用要求。

中国科学院自动化研究所及其所属模识科技（Pattek）有限公司2002年发布了他们共同推出的面向不同计算平台和应用的"天语"中文语音系列产品——PattekASR，结束了中文语音识别产品自1998年以来一直由国外公司垄断的历史。科大讯飞目前拥有国际领先的连续语音识别技术，识别准确率超过95%，语音输入速度达180字/min，识别结果响应时间低于500 ms。

1. 语音识别的概念

智能语音即智能语音技术，是实现人机语言的通信，包括语音识别技术（ASR）和语音合成技术（TTS）。如图4-6所示，人们希望使用自然语言同机器交流，机器能够听见、听懂，并表达。我们常常对外说我们在做语音识别，而其实语音交互或者VUI（Voice User Interface）是更为准确的词汇，ASR、NLU、NLG、TTS加CE构成了VUI的主要框架，而狭义的语音识别只是其中的一部分，主要指让机器通过识别和理解，把语音信号转变为相应的文本或命令。

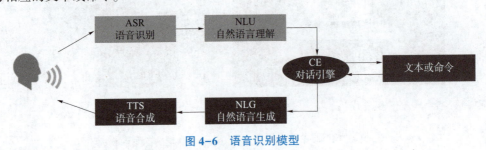

图4-6　语音识别模型

语音识别是通过对一种或者多种语音信号进行特征化的识别与分析，然后实现语音匹配以及辨别的过程。语音识别技术，也被称为自动语音识别（Automatic Speech Recognition，ASR），就是让机器通过识别和理解过程把语音信号转变为相应的文本或命令的技术。

根据识别的对象不同，语音识别任务大体可分为3类，即孤立词识别、连续语音识别和关键词识别。语音识别是语音交互技术中首要的关键步骤，若接收的声音信号不能有效地被识别，则后续的自然语言理解、自然语言生成和语音合成三大步骤也无法顺利进行。

2. 语音识别过程

语音识别过程包括从一段连续声波中采样，将每个采样值量化，得到声波的压缩数字化表示。采样值位于重叠的帧中，对于每一帧，抽取出一个描述频谱内容的特征向量。然后，根据语音信号的特征识别语音所代表的单词。语音识别过程如图4-7所示。

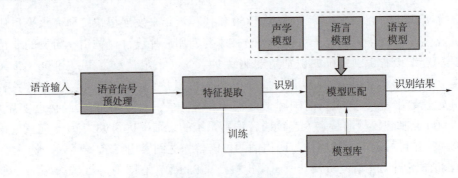

图4-7　语音识别过程

为了更有效地提取特征，往往还需要对所采集到的声音信号进行滤波、分帧等预处理工作，把要分析的信号从原始信号中提取出来；特征提取工作将声音信号从时域转换到频域，为声学模型提供合适的特征向量；声学模型中再根据声学特性计算每一个特征向量在声学特征上的得分；而语言模型则根据语言学相关的理论，计算该声音信号对应可能词组序列的概率；最后根据已有的字典，对词组序列进行解码，得到最后可能的文本表示。

3. 语音识别应用

语音识别技术的应用包括语音拨号、语音导航、室内设备控制、语音文档检索、简单的听写数据录入等。语音识别技术与其他自然语言处理技术（如机器翻译及语音合成技术）相结合，可以构建出更加复杂的应用，例如语音到语音的翻译。

4.1.3 语音听写函数

本书以智能人形服务机器人 Yanshee（以下简称"Yanshee"）为例，介绍机器人语音交互接口的函数及其使用方法。

1. 开始语音听写函数

函数功能：开始语音听写（当前语音听写处于工作状态而需要开启新的语音听写时，需要先停止当前的语音听写）。

语法格式：

```
start_voice_iat(timestamp:int=0)
```

参数说明：timestamp（integer）—时间戳，UNIX 标准时间。

返回类型：dict，其返回说明如下所示。

```
{
    code:integer  返回码:0 表示正常
    data:{ }
    msg:string   提示信息
}
```

2. 停止语音听写函数

函数功能：停止语音听写。

语法格式：

```
stop_voice_iat( )
```

返回类型：dict，其返回说明如下所示。

```
{
    code:integer   返回码:0 表示正常
    msg:string   提示信息
}
```

3. 获取语音听写结果函数

函数功能：获取语音听写结果。

语法格式：

```
get_voice_iat( )
```

返回类型：dict，其返回说明如下所示。

```
{
    code：integer　返回码：0 表示正常
    status：string　执行状态：idle—非执行状态；run—正在运行
    timestamp：integer　时间戳，UNIX 标准时间
    data：
        {
            语音听写返回数据
        }
    msg：string　提示信息
}
```

4. 执行语音听写函数

函数功能：执行语音听写并获取返回结果。

语法格式：

```
sync_do_voice_iat( )
```

返回类型：dict，其返回说明如下所示。

```
{
    code：integer　返回码：0 表示正常
    status：string　执行状态：idle—非执行状态；run—正在运行
    timestamp：integer　时间戳，UNIX 标准时间
    data：
    {
        语音听写返回数据
    }
    msg：string　提示信息
}
```

🔄【项目实施】

任务准备

1. 准备设施/设备

2.4 GHz 无线网络、智能人形机器人、无线键盘、无线鼠标、配套传感器、HDMI 线、计算机（已安装树莓派 Raspbian 系统、Linux 系统、Python 环境）、手机（已安装 Yanshee APP）。

2. 检查设施/设备

检查 Yanshee 机器人开关机是否正常；

检查 Yanshee 机器人联网是否正常；

检查 Yanshee 机器人各舵机是否正常。

任务实施

以智能人形服务机器人 Yanshee 为例，具体操作步骤如下：

（1）机器人接入网络。

（2）进入机器人 Yanshee 的树莓派系统，打开 Jupyter Lab 软件。

（3）导入机器人头文件。

```
import YanAPI
```

（4）设置需要控制的机器人 IP 地址。

```
ip_addr ="127.0.0.1"# please change to your yanshee robot IP
YanAPI.yan_api_init(ip_addr)
```

（5）调用语音转文本函数。

```
res=YanAPI.sync_do_voice_iat( )
```

（6）解析并打印听写结果，如图 4-8 所示。

```
if len (res ["data"])>0 :
    print ("\n 刚刚听到的内容为:")
    words=res ["data"] ["text"] [' ws' ]
    result =""
    for word in words:
        result += word [' cw'] [ 0 ] [' w' ]
    print (result)
else :
    print ("\n 没有听到说话")
```

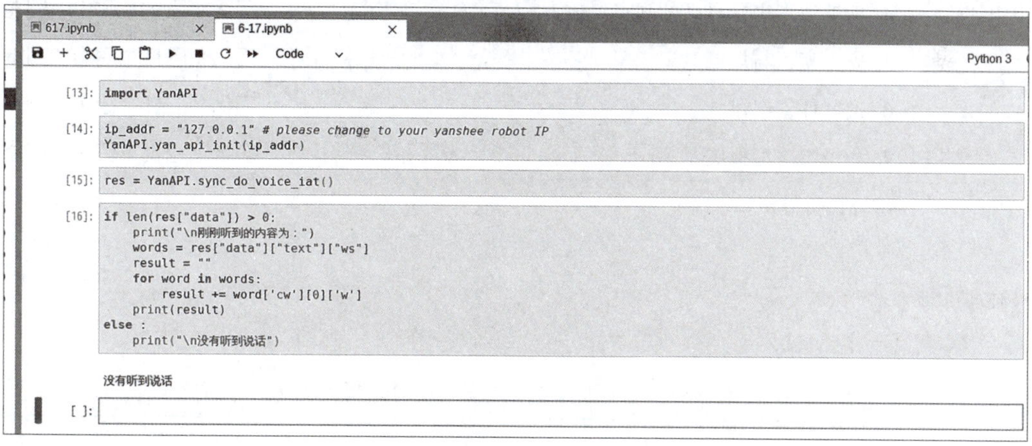

图 4-8　机器人语音识别结果

（7）运行程序。

运行程序，对机器人说"你好"，此时可以看到机器人终端系统界面显示程序打印文本为："你好"。尝试其他对话内容，观察打印的文本内容。

任务评价

完成本项目中的学习任务后，请对学习过程和结果的质量进行评价和总结，并填写评价反馈表，如表 4-1 所示。自我评价由学习者本人填写，小组评价由组长填写，教师评价由任课教师填写。

表 4-1　评价反馈表

班级		姓名		学号		日期	
自我评价	1. 能阐述语音的概念、语音识别的技术及其应用				□是		□否
	2. 能阐述语义及语义理解的概念				□是		□否
	3. 能使用语音听写指令实现机器人的语音听写功能				□是		□否
	4. 是否能按时上、下课，着装规范				□是		□否
	5. 学习效果自评等级				□优　□良　□中　□差		
	6. 在完成任务的过程中遇到了哪些问题？是如何解决的？						
	7. 总结与反思						
小组评价	1. 在小组讨论中能积极发言				□优　□良　□中　□差		
	2. 能积极配合小组完成工作任务				□优　□良　□中　□差		
	3. 在查找资料信息中的表现				□优　□良　□中　□差		
	4. 能够清晰表达自己的观点				□优　□良　□中　□差		
	5. 安全意识与规范意识				□优　□良　□中　□差		
	6. 遵守课堂纪律				□优　□良　□中　□差		
	7. 积极参与汇报展示				□优　□良　□中　□差		
教师评价	综合评价等级： 评语： 　　　　　　　　　　　　　　　　　教师签名：　　　日期：						

项目 4.2　让机器人实现人机对话

🎵【学习目标】

知识目标

➢ 了解语音与智能语音的概念和特点；

➢了解智能语音识别技术的实现流程；

➢了解智能语音的硬件基础，智能语音的应用场景；

➢掌握语音识别函数的使用方法。

技能目标

➢能够通过 Python 编写程序调用 API，实现语音听写功能。

素质目标

➢培养学生的爱国主义精神。在智能语音课程中，可以介绍我国语音技术的发展历程和取得的成就，引导学生了解我国在语音技术领域的优势和不足，从而激发他们的爱国热情和民族自豪感。

➢培养学生的创新意识和实践能力。智能语音技术是不断发展和演进的，需要具备创新意识和实践能力才能不断推动其发展。

【项目任务】

本任务基于 Yanshee 机器人，调用机器人语音指令实现与机器人对话的功能，如对机器人说"你好"，机器人语音回复"你好朋友，愿我们相处愉快"。

【知识储备】

4.2.1 语音合成技术

1. 语音合成的概念

语音合成是一种将文本转换为语音的技术。它使用计算机和人工智能算法来将文本转换为人类可听的语音输出，如图 4-9 所示。语音合成技术可以用于语音助手、智能机器人、语音导航系统等场景中。

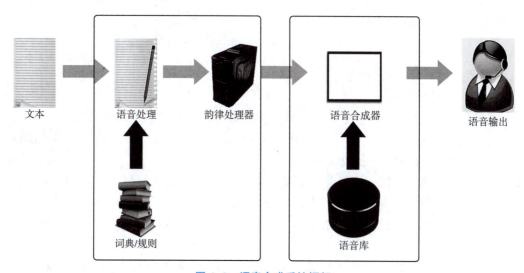

文本　　　语音处理　　　韵律处理器　　　语音合成器　　　语音输出

词典/规则　　　　　　　　　语音库

图 4-9　语音合成系统框架

语音合成的基本流程是将文本转换为语音符号，然后通过语音引擎将语音符号转换为声音波形并播放出来。其中，语音符号通常由音素、音调和音节等组成，而语音引擎则包括声学模型、声码器和波形合成器等组成部分。

语音合成技术可以应用于多种语言中，包括英语、中文、法语、德语等。不同语言的语音合成需要使用不同的算法和技术来处理。一般来说，对于同一种语言，使用高质量的语音合成技术可以实现非常自然的人声音频输出。

2. 语音合成的过程

语音合成的过程（图 4-10）主要包括以下步骤：

（1）获取输入文本：语音合成系统首先获取要进行合成的文本信息。

（2）语言处理：对输入文本进行分析，包括分词、词性标注、语法分析、语义分析等，旨在让计算机能够尽可能准确地理解输入文本的含义，并为后续的语音合成做准备。

（3）韵律处理：主要为合成的语音规划出音高、音长、音强等语音特征，目的是让合成的语音能表达确切的语意，使得输出的音频文件更符合实际。

（4）声学处理：主要是把前两个阶段处理结果合成最终的音频文件，包括参数编码、声码器等过程，将文本转换为声音波形并播放出来。

（5）输出音频文件：最终将合成的音频文件输出为声音波形或音频文件格式，如 MP3、WAV 等。

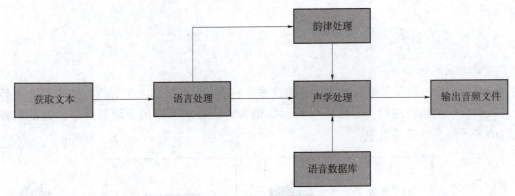

图 4-10　语音合成的过程

3. 语音合成的应用

语音合成的应用范围非常广泛，如图 4-11 所示，主要包括以下几个领域：

（1）文本转语音（TTS）：可以将书面文字转换为口语，使视力障碍者能够"读到"书面内容，或者为视频角色提供配音。

（2）虚拟助理：被用于虚拟助理和聊天机器人，为用户的询问提供自然的声音回应。

（3）导航系统：语音合成技术被用于 GPS 导航系统，为驾驶员提供语音导航。

（4）媒体和娱乐：被用于各种形式的媒体，包括视频游戏、动画和电影，为角色或旁白提供配音。

（5）语言学习：被用于语言学习应用中，帮助用户提高他们的发音和听力技能。

（6）自动化和客户服务：被用于自动化电话系统和客户服务应用，为来电者提供语音提示、指示和回应。

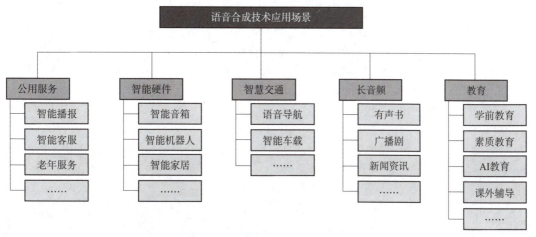

图 4-11　语音合成技术应用场景

4.2.2　语义理解函数

1. 开始语义理解函数

函数功能：开始语义理解（当前语义理解处于工作状态而需要开启新的语义理解时，需要先停止当前的语义理解）。

语法格式：

```
start_voice_asr(continues=False,timestamp=0)
```

参数说明：

（1）continues（bool）—是否进行连续语义识别，布尔值：True—需要；False—不需要，默认值为 False。

（2）timestamp（integer）—时间戳，UNIX 标准时间。

返回类型：dict，其返回说明如下所示。

```
{
    code:integer  返回码:0 表示正常
    data:{ }
    msg:string   提示信息
}
```

2. 停止语义理解函数

函数功能：停止语义理解服务。

语法格式：

```
stop_voice_asr( )
```

返回类型：dict，其返回说明如下所示。

```
{
    code：integer　返回码：0 表示正常
    msg：string　提示信息
}
```

3. 获取语义理解工作状态函数

函数功能：获取语义理解工作状态。

语法格式：

```
get_voice_asr( )
```

返回类型：dict，其返回说明如下所示。

```
{
    code：integer　返回码：0 表示正常
    status：string　执行状态：idle—非执行状态；run—正在运行
    timestamp：integer　时间戳，UNIX 标准时间
    data：{ }
    msg：string　提示信息
}
```

start_voice_asr 和 get_voice_asr 函数可搭配使用。搭配使用时，需注意当 get_voice_asr 函数处于"run"状态时无法获取语义理解结果，需等语义理解执行完毕处于"idle"状态时获取语义理解结果。

4. 执行语义理解函数

函数功能：执行语义理解并获取返回结果。

语法格式：

```
sync_do_voice_asr( )
```

返回类型：dict，其返回说明如下所示。

```
{
    code：integer　返回码：0 表示正常
    status：string　执行状态：idle—非执行状态；run—正在运行
    timestamp：integer　时间戳，UNIX 标准时间
    data：{ }
    msg：string　提示信息
}
```

4.2.3　语音合成函数

1. 开始语音合成函数

函数功能：开始语音合成任务，合成指定的语句并播放（当语音合成处于工作状态时可以接受新的语音合成任务）。

语法格式：

```
start_voice_tts(tts：str =interrupt：bool=True, timestamp：int=0)
```

参数说明：

（1）tts（str）—待合成的文字。

（2）interrupt（bool）—是否可以被打断；True—可以被打断，False—不可以被打断，默认为 True。

（3）timestamp（int）—时间戳，UNIX 标准时间。

返回类型：dict，其返回说明如下所示。

```
{
    code：integer   返回码：0表示正常
    data：{ }
    msg：string   提示信息
}
```

2. 停止语音播报任务函数

函数功能：停止语音播报任务。

语法格式：

```
stop_voice_tts( )
```

返回类型：dict，其返回说明如下所示。

```
{
    code：integer   返回码：0表示正常
    data：{ }
    msg：string   提示信息
}
```

3. 获取指定任务或者当前工作状态函数

函数功能：获取指定任务或者当前工作状态（带时间戳为指定任务工作状态，如果无时间戳则表示当前工作状态）。

语法格式：

```
get_voice_tts(timestamp：int=None)
```

参数说明：

timestamp（int）—时间戳，UNIX 标准时间。

返回类型：dict，其返回说明如下所示。

```
{
    code：integer   返回码：0表示正常
    status：string   工作状态：idle—任务不存在;run—播放该段语音;build—正在合成该段语音;
wait—处于等待执行状态
    timestamp：integer   时间戳,UNIX 标准时间
    data：{ }
    msg：string   提示信息
}
```

4. 执行语音合成函数

函数功能：执行语音合成并获取返回结果。

语法格式：

```
sync_do_tts(tts：str =interrupt：bool=True)
```

参数说明：

（1）tts（str）—待合成的文字。

（2）interrupt（bool）—是否可以被打断；True—可以被打断；False—不可以被打断，默认为 True。

返回类型：dict，其返回说明如下所示。

```
{
    code：integer   返回码：0 表示正常
    status：string   工作状态：idle—任务不存在；run—播放该段语音；build—正在合成该段语音；
wait—处于等待执行状态
    timestamp：integer   时间戳,UNIX 标准时间
    data：{ }
    msg：string   提示信息
}
```

【项目实施】

任务准备

1. 准备设施/设备

2.4 GHz 无线网络、智能人形机器人、无线键盘、无线鼠标、配套传感器、HDMI 线、计算机（已安装树莓派 Raspbian 系统、Linux 系统、Python 环境）、手机（已安装 Yanshee APP）。

2. 检查设施/设备

检查 Yanshee 机器人开关机是否正常；

检查 Yanshee 机器人联网是否正常；

检查 Yanshee 机器人各舵机是否正常。

任务实施

以智能人形服务机器人 Yanshee 为例，具体操作步骤如下：

（1）机器人接入网络。

（2）进入机器人 Yanshee 的树莓派系统，打开 Jupyter Lab 软件。

（3）导入机器人头文件。

```
import YanAPI
```

（4）设置需要控制的机器人 IP 地址。

```
ip_addr ="127. 0. 0. 1"# please change to your yanshee robot IP
YanAPI. yan_api_init(ip_addr)
```

（5）调用语义理解服务指令。

```
res=YanAPI. sync_do_voice_asr( )
```

（6）解析语义理解返回结果。

```
if len(res["data"])>0：
    result＝res["data"][' intent' ][' answer' ][' test' ]
else：
    result ="没有听到说话"
```

（7）运行程序。

运行程序，对机器人说"你好"，机器人回应"你好呀，你好可爱呀，我们交一个朋友吧"，其识别结果如图4-12所示。尝试其他对话内容，观察机器人播报的内容。

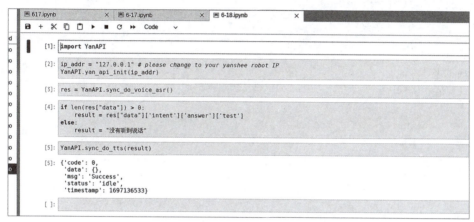

图4-12　机器人语音交互识别结果

任务评价

完成本项目中的学习任务后，请对学习过程和结果的质量进行评价和总结，并填写评价反馈表，如表4-2所示。自我评价由学习者本人填写，小组评价由组长填写，教师评价由任课教师填写。

表4-2　评价反馈表

班级		姓名		学号		日期	
自我评价	1. 能阐述语音合成技术的概念及其应用					□是	□否
	2. 能阐述语义及语义理解的概念					□是	□否
	3. 能使用语义理解函数、语音合成函数实现人机对话					□是	□否
	4. 是否能按时上、下课，着装规范					□是	□否
	5. 学习效果自评等级					□优　□良　□中　□差	
	6. 在完成任务的过程中遇到了哪些问题？是如何解决的？						
	7. 总结与反思						

模块4　控制机器人语音交流

续表

小组评价	1. 在小组讨论中能积极发言	□优　□良　□中　□差
	2. 能积极配合小组完成工作任务	□优　□良　□中　□差
	3. 在查找资料信息中的表现	□优　□良　□中　□差
	4. 能够清晰表达自己的观点	□优　□良　□中　□差
	5. 安全意识与规范意识	□优　□良　□中　□差
	6. 遵守课堂纪律	□优　□良　□中　□差
	7. 积极参与汇报展示	□优　□良　□中　□差
教师评价	综合评价等级： 评语： 　　　　　　　　　　　教师签名：　　　　　日期：	

人类通过眼睛来感知周边环境，可以看到飘动的白云、高速行驶的列车、连绵的高山。机器人也需要眼睛来"看世界"，于是机器视觉应运而生。银行可以使用摄像机扫描储户面部进行身份识别，快速而又精准地为客户办理业务；警察可以使用人脸识别技术，精准抓捕潜伏在人群中的违法犯罪分子。

本项目将以一款智能人形服务机器人为例，带领大家学习机器人的视觉系统，探索机器人的人脸检测、分析、识别等功能。

项目 5.1　控制机器人分辨物体颜色

生活是五彩斑斓的，我们生活在一个多彩的世界里，但是是什么让我们能分辨颜色的呢？原来我们的眼睛里视网膜上有一种叫作视锥细胞的东西，视锥细胞除感强光外，还有色觉及形觉的功能。根据三原色学说，正常色觉者，视锥细胞外节含有三种不同感光色素（红、绿、蓝），各吸收一定的波长光线而产生色觉。对其他波长光线也可重叠吸收，故可产生各种色觉，所以人的眼睛就能辨出各种不同的色彩。然而我们想让机器人产生颜色的概念，于是就有了机器人的眼睛颜色功能的诞生。有了能知色彩的摄像头，机器人就可以很轻松地识别出一盆绿色的花或者蓝色的天空。

通过本课程，我们会学到机器人视觉的基本常识，包括图像与视频传播原理，诸如颜色、色彩空间等物理概念知识，然后我们会学习摄像头识别颜色的基本原理、使用方法和应用场景以及在机器人领域的其他颜色传感器是如何被使用的。我们会通过简单的例子来说明 Yanshee 机器人是如何利用树莓派本身的摄像头功能完成拍照、视频录制和视频流传输的。最后，我们通过一个 Yanshee 过红绿灯的实验课来提高大家对摄像头视觉识别颜色认识。

【学习目标】

知识目标

➢熟悉图像处理技术的原理；

➢熟悉颜色识别的工作原理；

➢掌握视觉技术相关的 API。

技能目标

➢掌握通过 Python 编写程序调用 API，利用机器人拍照；

➢掌握通过 Python 编写程序调用 API，实现机器人识别颜色。

素质目标

➢介绍人眼成像及分辨颜色的原理，教育学生保护视力；

➢介绍机器人识别红绿灯，教育学生遵守红绿灯等交通规则。

【项目任务】

本任务将基于 Yanshee 机器人，学习图像技术、视频技术、分辨颜色原理，以及机器人识别颜色的工作原理等内容，学习使用 Yanshee 机器人视觉技术相关的 API，通过 Python 编写程序利用机器人拍照、识别颜色。

【知识储备】

5.1.1　图像与视频技术

1. 图像处理技术

摄像头是一种视频输入设备，被广泛地运用于视频会议、远程医疗及实时监控等方面，可以将看到的真实环境记录，以数据形式存储。

摄像头一般具有视频摄像和静态图像捕捉等基本功能，它由镜头采集图像（光信号）后，由摄像头内的感光组件电路及控制组件对图像进行处理并转换成计算机所能识别的数字信号，然后由并行端口或 USB 连接输入计算机后由软件再进行图像还原，如图 5-1 所示。

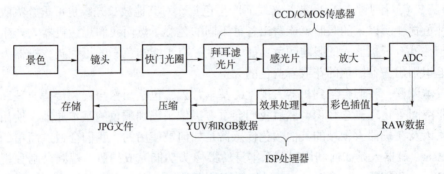

图 5-1　摄像头原理框图

摄像头分为数字摄像头和模拟摄像头两大类，数字摄像头可以将视频采集设备产生的模拟视频信号转换成数字信号，进而将其存储在计算机里，模拟摄像头捕捉到的视频信号必须经过特定的视频捕捉卡将模拟信号转换成数字模式压缩后才可以转换到计算机上进行播放。

分辨率是指图像或者显示屏在长和宽上各拥有的像素个数。分辨率通常用像素数来表示，例如一张照片分辨率为 1 920×1 080，意思是这张照片是由横向 1 920 个像素点和纵向 1 080 个像素点构成的，一共包含了 1 920×1 080 个像素点。分辨率越高，像素显示越清晰。图像分辨率对照表如表 5-1 所示。

表 5-1　图像分辨率对照表

像素数	分辨率
3MP（300 万像素）	2 560×1 440（约 369 万像素）
5MP（500 万像素）	2 592×1 944（约 504 万像素）
720P（高清）	1 280×720
960P（540P）	960×540
1 080P（全高清）	1 920×1 080

我们常说的 1K、2K、4K 指的是显示器的分辨率。1K 分辨率是指分辨率达到 1 920×1 080，即 1 080P；2K 分辨率是指分辨率达到 2 560×1 440，即 1 440P；4K 分辨率是指分辨率达到 3 840×2 160。当显示器的面积不变的时候，分辨率越高，像素点密度就越高，显示效果就更加清晰。

例如，4K 分辨率是指水平方向每行像素值达到或者接近 4 096 个，不考虑画幅比。在此分辨率下，观众将可以看清画面中的每一个细节、每一个特写。影院如果采用 4 096×2 160 分辨率，无论在影院的哪个位置，观众都可以清楚地看到画面的每一个细节。根据使用范围的不同，4K 分辨率也有各种各样的衍生分辨率，例如 Full Aperture 4K 的 4 096×3 112、Academy 4K 的 3 656×2 664 以及 UHDTV 标准的 3 840×2 160 等，都属于 4K 分辨率的范畴。

图像是人类视觉的基础，是自然景物的客观反映，是人类认识世界和人类本身的重要源泉。"图"是物体反射或透射光的分布，"像"是人的视觉系统所接受的图在人脑中所形成的印象或认识，照片、绘画、剪贴画、地图、书法作品、手写汉字、传真、卫星云图、影视画面、X 光片、脑电图、心电图等都是图像。图像可以分为模拟图像和数字图像，通过摄像头获得的图像一般为数字图像。图像的格式一般分为 bmp、jpg、gif、jpeg、png、raw 等。

图像处理技术是指用计算机对图像进行分析，以达到所需结果的技术。图像处理技术一般包括以下 3 个部分：

（1）图像压缩：在许多应用中，需要对图像进行压缩，以减少存储空间的需求。

（2）增强和复原：这一部分的处理目的是改进图像的质量。

（3）匹配、描述和识别：这方面的处理是使计算机能识别和理解图像中的内容。

2. 视频处理技术

机器视觉技术是涉及人工智能、神经生物学、心理物理学、计算机科学、图像处理、模式识别等诸多领域的交叉学科，主要用计算机来模拟人的视觉功能，从客观事物的图像中提取信息，进行处理并加以理解，最终用于实际检测、测量和控制。机器视觉技术最大的特点是速度快、信息量大、功能多。

视频是一种多媒体存储方式，类似于一组连续的图像。我们通常通过这种方式来完成现场信息录制、多媒体信息传播等工作，为人类的生产和生活带来非常实用的价值。视频文件格式是指视频保存的一种格式，视频是现在计算机中多媒体系统中的重要一环。为了适应存储视频的需要，人们设定了不同的视频文件格式来把视频和音频放在一个文件中，以方便同时回放。常用的视频格式包括 AVI、WMV、MPEG、MP4、FLV、3GP 等，我们可以通过视频格式转换工具完成各种视频文件的转换。

视频编码方式就是指通过特定的压缩技术，将某个视频格式的文件转换成另一种视频格式文件的方式。视频流传输中最为重要的编解码标准有国际电联的 H.261、H.263、H.264，运动静止图像专家组的 M-JPEG 和国际标准化组织运动图像专家组的 MPEG 系列标准，此外在互联网上被广泛应用的还有 RealNetworks 的 RealVideo、微软公司的 WMV 以及 Apple 公司的 QuickTime 等。

为了让视频能更好地在计算机系统中处理或者在网络上远程传输，人们引入了视频的编解码技术，这种技术通过多视频格式的压缩和解压缩完成视频远程传输的目的。一般地，可以分为硬件编解码和软件编解码技术等。而压缩技术本身又可以分为有损压缩和无损压缩。

5.1.2　颜色识别技术

1. 颜色基础知识

颜色是由光线产生的，它是由光直接或间接作用于我们的眼睛和大脑所产生的视觉效果。颜色的产生取决于光的波长和强度，不同的波长和强度会产生不同的颜色感觉。颜色通常分为彩色和非彩色。彩色是指红、橙、黄、绿、青、蓝、紫等颜色，而非彩色则是指黑、白、灰等颜色。颜色的感知与我们的生活经验密切相关。例如，当我们看到红色时，我们可能会感觉到温暖或热情；当我们看到蓝色时，我们可能会感觉到平静或凉爽。

RGB 色彩空间是生活中最常用的一个模型，电视机、计算机的 CRT 显示器等大部分都是采用这种模型。RGB 色彩空间以 R（Red，红）、G（Green，绿）、B（Blue，蓝）三种基本色为基础，进行不同程度的叠加，产生丰富而广泛的颜色，所以俗称三基色模式。自然界中的任何一种颜色都可以由红、绿、蓝三种色光混合而成，现实生活中人们见到的颜色大多是混合而成的色彩。

HSV 色彩空间是将 RGB 色彩空间中的点在倒圆锥体中的表示方法。HSV 即色相（Hue）、饱和度（Saturation）、亮度（Value）。色调（H）用角度度量，取值范围为 0°~360°，从红色开始按逆时针方向计算，红色为 0°，绿色为 120°，蓝色为 240°。饱和度（S）表示颜色接近光谱色的程度，饱和度高，颜色则深而艳，通常取值范围为 0%~100%，值越大，颜色越饱和。亮度（V）表示颜色明亮的程度，对于光源色，明度值与发光体的光亮度有关；对于物体色，此值和物体的透射比或反射比有关。

2. 颜色识别原理

目前，多数人接受的是托马斯·杨等提出的视觉的三原色学说。在视网膜中存在分别对红、绿、蓝光线特别敏感的三种视锥细胞或相应的三种感光色素，当光谱上波长介于这三者之间的光线作用于视网膜时，这些光线可以对敏感波长与之相近的两种视锥细胞或感光色素起不同程度的刺激作用，在中枢神经系统引起介于这两种原色之间的其他颜色感觉。

我们看东西其实就是用眼睛接收可见光，可见光是电磁波的一个频段。我们把感受到的不同频率的电磁波映射成不同的颜色。遇到过高或过低频率的电磁波（红外线等）眼睛处理不了，所以就看不见。所以，颜色只是人的主观感受，不是物体的客观属性。物体只是在发射或反射电磁波。

3. 颜色传感器

颜色传感器又叫颜色识别传感器，它是将物体颜色同前面已经示教过的参考颜色进行比较来检测颜色的传感器，当两个颜色在一定的误差范围内相吻合时，输出检测结果。

颜色传感器的工作原理是控制单片机来向传感器发送指令，并读取传感器所接收的信息，然后经过计算，将结果送至 LED 灯或进行脉宽调制输出，如图 5-2 所示。

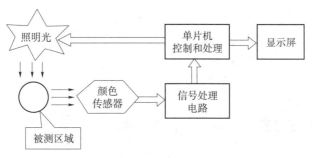

图 5-2 颜色传感器工作原理框图

颜色传感器通常采用 RGB 色彩模式，由红、绿、蓝三种滤光片组成，通过测量三种滤光片的透射率来检测颜色。当光照射到物体之后，从物体上会产生反射光，经过凸透镜聚焦至半透镜，由于使用的是半透镜，因而光无法直线穿透，只能反射至凸透镜，此时从凸透镜传出的光就是送到颜色传感器的信号。传感器接收到了光的信号，输出频率会随之发生变化，控制单片机对频率进行采集，并进行适当的判断及计算，最后由单片机输出。

5.1.3 机器人图像处理

1. 机器人图像处理概述

人形双足教育机器人 Yanshee 本体上搭载了先进的机器视觉系统，可以进行人脸识别、视频拍摄等工作。图 5-3 所示为 Yanshee 机器人摄像头所在位置，与人类外貌特征相似，机器人的图像采集硬件即摄像头位于人形机器人的头部。通过将摄像头成像的 RGB 图片转换成 HSV 色彩空间里的值，经过图像二值化，判断对应的区域是否属于某种颜色的 HSV 值范围，最终确定被识别颜色是哪种颜色，并输出识别结果。

图 5-3 Yanshee 机器人的摄像头位置

2. 图像处理函数

在机器人 Yanshee 中，与图像处理相关的 YanAPI 有以下 4 个，如表 5-2 所示。

表 5-2　与图像处理相关的 YanAPI

序号	功能	函数名
1	获取指定名称的照片	get_vision_photo
2	拍一张照片	take_vision_photo
3	停止人脸识别,上传样本图片到特定文件夹	upload_vision_photo_sample
4	给已有样本图片打标签	set_vision_tag

1) get_vision_photo

函数功能:获取指定名称的照片,并保存到特定路径下面。

语法格式:

```
get_vision_photo(name:str, savePath:str='./')
```

参数说明:

(1) name(str)—照片名称;

(2) savePath(str)—照片本地存储路径。

返回类型:二进制图片内容。

2) take_vision_photo

函数功能:拍一张照片,默认存储路径为/tmp/photo。

语法格式:

```
take_vision_photo(resolution:str='640* 480')
```

参数说明:resolution(str)—照片分辨率,默认拍照分辨率为"640×480",最大拍照分辨率为"1 920×1 080"。

返回类型:dict,其返回说明如下所示。

```
{
    code:integer   返回码:0 表示正常
    data:
    {
        name:string   照片文件名称
    }
    msg:string   提示信息
}
```

take_vision_photo、get_vision_photo 函数可搭配使用,如图 5-4 所示。

```
[1]: import YanAPI

     ip_addr = "127.0.0.1" # please change to your yanshee robot IP
     YanAPI.yan_api_init(ip_addr)
     #先拍照一张
     res = YanAPI.take_vision_photo()
     print(res)

     {'code': 0, 'msg': 'Success', 'data': {'name': 'img_20231012_165556_2578.jpg'}}
```

图 5-4　拍照程序及结果

如图 5-5 所示，当 take_vision_photo 函数的返回值 ［"code"］=0 时，代表拍照成功，此时可使用 get_vision_photo 函数获取照片地址及文件名。

```
if(res["code"] == 0 ):
    #获取拍照数
    path = "/tmp/"
    YanAPI.get_vision_photo(res["data"]["name"], path)
    photo = path + res["data"]["name"]
    print(photo)
else:
    print(res["msg"])
/tmp/img_20231012_165556_2578.jpg
```

图 5-5　获取照片地址

3）upload_vision_photo_sample

函数功能：上传样本图片到特定文件夹，默认为 sample 文件夹。

语法格式：

> upload_vision_photo_sample(filePath:str)

参数说明：filePath(str)—需要上传的文件路径。

返回类型：dict，其返回说明如下所示。

```
{
    code:integer　返回码:0表示正常
    data:{ }
    msg:string　提示信息
}
```

4）set_vision_tag

函数功能：给已有样本图片打标签。

语法格式：

> set_vision_tag(resources:list[str],tag:str)

参数说明：

（1）resources(list［str］)—需要打标签的样本图片名称列表。

（2）tag(str)—标签名称。

返回类型：dict，其返回说明如下所示。

```
{
    code:integer　返回码:0表示正常
    data:{ }
    msg:string　提示信息
}
```

使用 upload_vision_photo_sample、set_vision_tag 函数可以上传人脸样本并打上姓名标签，如图 5-6 所示。

```
#上传人脸样本到数据库
YanAPI.upload_vision_photo_sample(photo)
#为照片数据打tag
YanAPI.set_vision_tag([photo_name],name)
```

图 5-6　上传人脸样本并打上姓名标签

【项目实施】

任务准备

1. 准备设施/设备

2.4 GHz 无线网络、智能人形机器人、无线键盘、无线鼠标、配套传感器、HDMI 线、计算机（已安装树莓派 Raspbian 系统、Linux 系统、Python 环境）、手机（已安装 Yanshee APP）。

2. 检查设施/设备

检查 Yanshee 机器人开关机是否正常；

检查 Yanshee 机器人联网是否正常；

检查 Yanshee 机器人各舵机是否正常。

任务实施

1. 利用机器人拍照

方法一：使用命令行方式完成拍照。

打开终端输入以下命令：

```
raspistill - t 20 - o image1.jpg
raspistill - t 20 - o image2.jpg - w 640 - h 480
```

第一句命令为 2 s 延时拍一张照片，保存本地名为 image1.jpg。第二句命令为 2 s 延时拍一张照片，保存本地名为 image2.jpg，分辨率为 640×480。

方法二：直接通过 Python 调用完成拍照功能，这个可以结合其他场景来编写 Python 代码。我们通过 PiCamera 库的接口来完成拍照功能，其中先建立了 camera 设备，然后设置分辨率为 1 024×768，开始预热，预热 2 s 后，拍照并存本地文件名为 foo.jpg，如图 5-7 所示。

```
import time
import picamera

with picamera.PiCamera() as camera:
    camera.resolution = (1024, 768)
    camera.start_preview()
    #摄像头预热2秒
    time.sleep(2)
    camera.capture('foo.jpg')
```

图 5-7　机器人拍照程序

保存以上代码为 takePhoto.py，然后在命令行执行以下命令：python3 takePhoto.py，之后就会发现在本地目录下生成一个名为 foo.ipg 的图片文件。双击图片，可以打开我们拍摄的现场照片。

2. 控制机器人识别颜色

首先应定义色彩空间不同值域对应的颜色种类，以 HSV 色彩空间为例，为了简单说明编程方法，将色彩空间划分为红、绿、蓝、黄和白等几种颜色种类。然后调用摄像头捕捉图像，可以采用连续摄像的方法，对获得的每一帧图像进行颜色识别，直到识别出一种颜色则停止识别。机器人识别颜色程序如图 5-8 所示。

```python
#!/usr/bin/env python
# -*- coding: utf-8 -*-

import sys
import time
from picamera.array import PiRGBArray
from picamera import PiCamera
import numpy as np
import cv2


# define HSV color value
red_min = np.array([0, 128, 46])
red_max = np.array([5, 255, 255])
red2_min = np.array([156, 128, 46])
red2_max = np.array([180, 255, 255])

green_min = np.array([35, 128, 46])
green_max = np.array([77, 255, 255])

blue_min = np.array([100, 128, 46])
blue_max = np.array([124, 255, 255])

yellow_min = np.array([15, 128, 46])
yellow_max = np.array([34, 255, 255])

black_min = np.array([0, 0, 0])
black_max = np.array([180, 255, 10])

white_min = np.array([0, 0, 70])
white_max = np.array([180, 30, 255])

COLOR_ARRAY = [[red_min, red_max, 'red'], [red2_min, red2_max, 'red'], [green_min,
green_max, 'green'], [blue_min, blue_max, 'blue'],[yellow_min, yellow_max, 'yellow'] ]

#take photo use piCamera
camera = PiCamera()
camera.resolution = (640, 480)
camera.framerate = 25
rawCapture = PiRGBArray(camera, size=(640, 480))
time.sleep(0.1)

#read rgb_jpg file for test
for frame in camera.capture_continuous(rawCapture, format="bgr", use_video_port=True):
    frame = frame.array
    cv2.imwrite("frame.jpg", frame)
    hsv = cv2.cvtColor(frame, cv2.COLOR_BGR2HSV)
    cv2.imwrite("hsv.jpg", hsv)

    for (color_min,color_max, name) in COLOR_ARRAY:
        mask=cv2.inRange(hsv, color_min, color_max)
        res=cv2.bitwise_and(frame, frame, mask=mask)
        #cv2.imshow("res",res)
        cv2.imwrite("2.jpg", res)
        img = cv2.imread("2.jpg")
        h, w = img.shape[:2]
        blured = cv2.blur(img,(5,5))
        cv2.imwrite("blured.jpg", blured)
        ret, bright = cv2.threshold(blured,10,255,cv2.THRESH_BINARY)
        gray = cv2.cvtColor(bright,cv2.COLOR_BGR2GRAY)
        cv2.imwrite("gray.jpg",gray)
        kernel = cv2.getStructuringElement(cv2.MORPH_RECT,(50, 50))
        opened = cv2.morphologyEx(gray, cv2.MORPH_OPEN, kernel)
        cv2.imwrite("opened.jpg", opened)
        closed = cv2.morphologyEx(opened, cv2.MORPH_CLOSE, kernel)
        #cv2.imshow("closed", closed)
        cv2.imwrite("closed.jpg", closed)

        closed,contours,hierarchy=cv2.findContours(closed,cv2.RETR_LIST,cv2.CHAIN_APPROX_
        cv2.drawContours(img,contours,-1,(0,0,255),3)
        cv2.imwrite("result.jpg", img)
        #output number and color we find in the photo
        number = len(contours)
        print('Total:', number)
        if number >=1:
            total = 0
            for i in range(0, number):
                total = total + len(contours[i])
                print ('NO:',i,' size ', len(contours[i]))
            if total > 400:
                print ('Currrent color is ', name)
                cv2.destroyAllWindows()
                sys.exit()

    rawCapture.truncate(0)
```

图 5-8　机器人识别颜色程序

运行程序，将准备好的颜色测试面板放置在 Yanshee 摄像头前 0.3 m 左右的位置，观察程序对话框输出的结果，如图 5-9 所示。改变测试面板的颜色，再运行程序，观察输出结果是否有变化。

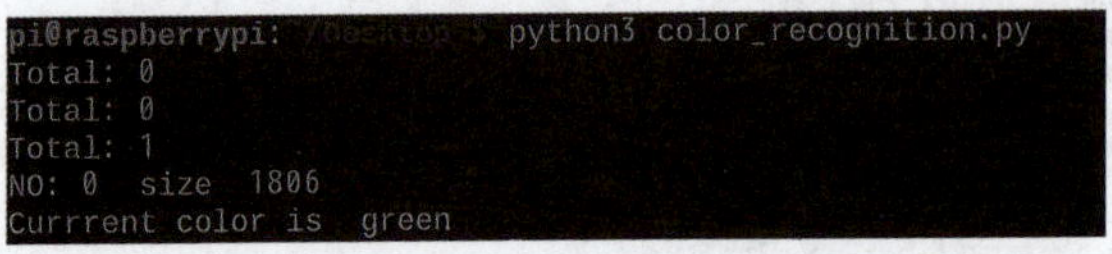

图 5-9　机器人识别颜色结果

任务评价

完成本项目中的学习任务后，请对学习过程和结果的质量进行评价和总结，并填写评价反馈表，如表 5-3 所示。自我评价由学习者本人填写，小组评价由组长填写，教师评价由任课教师填写。

表 5-3　评价反馈表

班级		姓名		学号		日期		
自我评价	1. 能够说出图像分辨率的相关知识				□是		□否	
	2. 能够说出颜色传感器的工作原理				□是		□否	
	3. 能够利用机器人摄像头实现拍照				□是		□否	
	4. 能够编写程序分辨物体颜色				□是		□否	
	5. 是否能按时上、下课，着装规范				□是		□否	
	6. 学习效果自评等级				□优	□良	□中	□差
	7. 在完成任务的过程中遇到了哪些问题？是如何解决的？							
	8. 总结与反思							
小组评价	1. 在小组讨论中能积极发言				□优	□良	□中	□差
	2. 能积极配合小组完成工作任务				□优	□良	□中	□差
	3. 在查找资料信息中的表现				□优	□良	□中	□差
	4. 能够清晰表达自己的观点				□优	□良	□中	□差
	5. 安全意识与规范意识				□优	□良	□中	□差
	6. 遵守课堂纪律				□优	□良	□中	□差
	7. 积极参与汇报展示				□优	□良	□中	□差
教师评价	综合评价等级： 评语： 　　　　　　　　　　　　　　　　教师签名：　　　日期：							

【任务扩展】

会过红绿灯的 Yanshee 机器人，即 Yanshee 机器人在模拟红绿灯环境下，先看到红灯后停止前进并蹲下休息，看到绿灯后起立并走过马路。语音播报："主人，我已成功通过红绿灯"。

项目 5.2　控制机器人实现人脸识别

生物识别技术已广泛应用于政府、军队、银行、社会福利保障、电子商务、安全防范等领域。例如，银行可以使用摄像机扫描储户眼睛进行身份识别，快速而又精准地为客户办理业务。又如，美国两家机场使用美国维萨格公司的脸像识别技术，成功判断出了在人群中的恐怖分子。

随着人脸识别技术更进一步的成熟与社会认同度的提高，这项技术更广泛地应用于住宅管理、自助服务、信息安全等。人脸识别分为几大技术：人脸图像采集与检测、人脸图像预处理、人脸图像特征提取、人脸图像匹配与识别。本实训项目将介绍如何进行人脸识别。

【学习目标】

知识目标

➢了解人脸识别的概念和应用；

➢熟悉人脸识别的工作原理；

➢掌握 Yanshee 机器人视觉技术相关的 API。

技能目标

➢掌握通过 Python 编写程序调用 API，实现机器人识别图像；

➢掌握通过 Python 编写程序调用 API，实现机器人识别人脸。

素质目标

➢介绍生物识别技术的发展，增强学生科学探索精神；

➢探讨人脸识别的安全性和隐私性问题，引起学生对信息安全的重视。

【项目任务】

本任务将基于 Yanshee 机器人，学习人脸识别技术的流程及工作原理，学习使用 Yanshee 机器人视觉技术相关的 API，通过 Python 编写程序：利用机器人识别人脸。

【知识储备】

5.2.1　人脸识别技术

1. 人脸识别技术概述

人脸识别系统的研究始于 20 世纪 60 年代，80 年代后随着计算机技术和光学成像技术的发展得到提高，而真正进入初级应用阶段则是在 90 年代后期；人脸识别系统成功的关键在于是否拥有尖端的核心算法，并使识别结果具有实用化的识别率和识别速度；人脸识别系统集成了人工智能、机器识别、机器学习、模型理论、专家系统、视频图像处理等多种专业技术，同时需结合中间值处理的理论与实现，是生物特征识别的最新应用，其核心技术的实现，展现了弱人工智能向强人工智能的转化。

生物识别技术已广泛应用于政府、军队、银行、社会福利保障、电子商务、安全防务等领域。随着人脸识别技术更进一步的成熟以及社会认同度的提高，这项技术更广泛地应用于住宅管理、自助服务、信息安全等。

人脸识别技术没有一个严格的定义，一般有狭义与广义之分。

狭义的表述是指：以分析与比较人脸视觉特征信息为手段，进行身份验证或查找的一项计算机视觉技术。人脸识别技术可被认为是一种身份验证技术，它与指纹识别、声纹识别、静脉识别、虹膜识别等均属于同一类技术，即生物信息识别技术。

生物信息识别的认证方式与传统的身份认证方式相比具有很多显著优势。例如传统的密钥认证、识别卡认证等存在易丢失、易被伪造、易被遗忘等缺点。而生物信息则是人类与生俱来的一种属性，并不会被丢失和遗忘。作为生物信息识别之一的人脸识别又具有对采集设备要求不高（最简单的方式只需要能够拍照的设备即可）、采集方式简单等特点。这也是虹膜识别、指纹识别等方式所不具备的优点。

人脸识别的广义表述是：在图片或视频流中识别出人脸，并对该人脸图像进行一系列相关操作的技术。例如，在进行人脸身份认证时，不可避免地会经历诸如图像采集、人脸检测、人脸定位、人脸提取、人脸预处理、人脸特征提取、人脸特征对比等步骤，这些都可以认为是人脸识别的范畴。

2. 人脸识别技术工作原理

如图 5-10 所示，人脸识别技术包括人脸图像采集、人脸检测、人脸图像预处理、人脸图像特征提取、人脸图像匹配与识别。

1）人脸图像采集

当用户在采集设备的拍摄范围内时，采集设备会自动搜索并拍摄用户的人脸图像。不同的人脸图像都能通过摄像镜头采集下来，如静态图像、动态图像，不同的位置、不同表情等方面的图像都可以得到很好的采集。

2）人脸检测

人脸检测在实际中主要用于人脸识别的预处理，即在图像中准确标定出人脸的位置和大小。人脸图像中包含的模式特征十分丰富，如直方图特征、颜色特征、模板特征、结构特征及 Haar 特征等。人脸检测就是把其中有用的信息挑出来，并利用这些特征实现人脸检测。

3）人脸图像预处理

人脸的图像预处理是基于人脸检测结果，对图像进行处理并最终服务于特征提取的过程。系统获取的原始图像由于受到各种条件的限制和随机干扰，往往不能直接使用，必须在图像处理的早期阶段对它进行灰度校正、噪声过滤等图像预处理。对于人脸图像而言，其预处理过程主要包括人脸图像的光线补偿、灰度变换、直方图均衡化、归一化、几何校正、滤波以及锐化等。

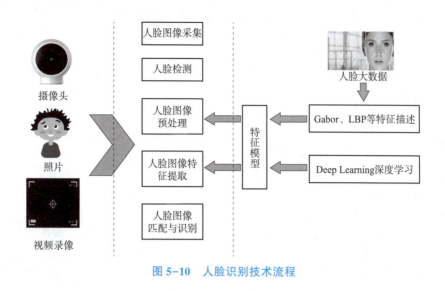

图5-10 人脸识别技术流程

4）人脸图像特征提取

人脸识别系统可使用的特征通常分为视觉特征、像素统计特征、人脸图像变换系数特征、人脸图像代数特征等。人脸特征提取就是针对人脸的某些特征进行的。人脸特征提取，也称人脸表征，它是对人脸进行特征建模的过程。人脸特征提取的方法归纳起来分为两大类：一种是基于知识的表征方法；另一种是基于代数特征或统计学习的表征方法。

5）人脸图像匹配与识别

人脸图像匹配是指将提取的人脸图像的特征数据与数据库中存储的特征模板进行搜索匹配，通过设定一个阈值，当相似度超过这一阈值，则把匹配得到的结果输出。人脸识别就是将待识别的人脸特征与已得到的人脸特征模板进行比较，根据相似程度对人脸的身份信息进行判断。这一过程又分为两类：一类是确认，是一对一进行图像比较的过程；另一类是辨认，是一对多进行图像匹配对比的过程。

5.2.2 机器人人脸识别

1. 机器人视觉概述

机器人视觉技术是人工智能领域的一个重要分支，通过机器模拟人的视觉功能，从客观事物的图像中提取信息，进行处理并加以理解，最终用于机器人的实际检测、测量和控制。

机器人视觉技术是机器人感知外界的重要手段，它主要由图像获取、图像处理、图像分析、信息融合、决策判断等几个模块组成。随着深度学习、计算机视觉等技术的不断发展，机器人视觉技术也在持续进步，在工业、医疗、服务等领域中发挥着越来越重要的作用。

2. 人脸识别函数

在机器人Yanshee中，与人脸识别相关的YanAPI有以下4个，如表5-4所示。

表 5-4　与人脸识别相关的 YanAPI

序号	功能	函数名
1	获取视觉任务结果	get_visual_task_result
2	开始人脸识别	start_face_recognition
3	停止人脸识别	stop_face_recognition
4	执行人脸识别并获取返回结果	sync_do_face_recognition

1）get_visual_task_result

函数功能：获取视觉任务结果。

语法格式：

```
get_visual_task_result (option：str,type：str)
```

参数说明：

（1）option（str）—可选项。

（2）type（str）—任务类型。

返回类型：dict，其返回说明如下所示。

```
{
    code：integer    返回码：0 表示正常
    type：string    消息类型,一次只返回一种类型的数据
    data：
        {
            analysis：{
                        age：integer
                        group：string
                        gender：string
                        expression：string
                    }
            recognition：{
                        name：string
                    }
            quantity：integer    数量(整数)
            color：
                {
                    {
                        name：string
                    }
                }
        }
}
```

> timestamp：integer　时间戳，UNIX 标准时间
>
> status：string　状态
>
> msg：string　提示信息
>
> }

2）start_face_recognition

函数功能：开始人脸识别。

语法格式：

start_face_recognition(type：str,timestamp：int＝0)

参数说明：

（1） type（str）—任务类型：recognition/tracking/gender/age _ group/quantity/color _ detect/age/expression/mask/glass。

（2） timestamp（int）—时间戳，UNIX 标准时间。

返回类型：dict，其返回说明如下所示。

> {
>
> 　code：integer　返回码：0 表示正常
>
> 　data：{ }
>
> 　msg：string　提示信息
>
> }

start_face_recognition、get_visual_task_result 函数搭配使用可以获取任务程序及结果，如图 5-11 所示。

```
import YanAPI
YanAPI.start_face_recognition("recognition")
res =YanAPI.get_visual_task_result("face","recognition")
print(res)
{'code': 0, 'data': '{}', 'type': 'recognition', 'msg': 'Success', 'status': 'run', 'timestamp': 0}
```

图 5-11　获取任务程序及结果

3）stop_face_recognition

函数功能：停止人脸识别。

语法格式：

stop_face_recognition(type：str, timestamp：int ＝0)

参数说明：

（1） type（str）—任务类型：recognition/tracking/gender/age _ group/quantity/color _ detect/age/expression/mask/glass。

（2） timestamp（int）—时间戳，UNIX 标准时间。

返回类型：dict，其返回说明如下所示。

```
{
    code:integer   返回码:0 表示正常
    data:{ }
    msg:string   提示信息
}
```

4）sync_do_face_recognition

函数功能：执行人脸识别并获取返回结果。

语法格式：

```
sync_do_face_recognition(type:str)
```

参数说明：type（str）—任务类型：recognition/tracking/gender/age_group/quantity/color_detect/age/expression/mask/glass。

返回类型：dict，其返回说明如下所示。

```
{
    code:integer   返回码:0 表示正常
    type:string   消息类型,一次只返回一种类型的数据
    data:
        {
            analysis:{
                    age:integer
                    group:string
                    gender:string
                    expression:string
            mask:string 口罩识别结果:masked/unmasked/notmasked well
            glass:string 眼镜识别结果:grayglass/normalglass/noglass
                    }
            quantity:integer   数量
        }
    timestamp:integer   时间戳,UNIX 标准时间
    status:string   状态
    msg:string   提示信息
}
```

🔄 【项目实施】

任务准备

1. 准备设施/设备

2.4 GHz 无线网络、智能人形机器人、无线键盘、无线鼠标、配套传感器、HDMI 线、计算机（已安装树莓派 Raspbian 系统、Linux 系统、Python 环境）、手机（已安装 Yanshee APP）。

2. 检查设施/设备

检查 Yanshee 机器人开关机是否正常；

检查 Yanshee 机器人联网是否正常；

检查 Yanshee 机器人各舵机是否正常。

任务实施

1. 让机器人录入人脸样本图片

1) 编写程序

```
import YanAPI
ip_addr ="127. 0. 0. 1"# please change to your yanshee robot IP YanAPI. yan_api_init(ip_addr)
res＝YanAPI. take_vision_photo( )
print (res)
if (res ["code"] ＝＝ 0)：
        path ＝"/tmp/"
        YanAPI. get_vision_photo(res["data"] ["name"],path)
        photo＝path+res["data"]["name"]
        photo_name＝res["data"]["name"]
        YanAPI. upload_vision_photo_sample(photo)
        YanAPI. set_vision_tag([photo_name],"张三")
else：
        print(res["msg"])
```

2) 运行程序

根据实际情况修改标签，人脸正视机器人摄像头并距离摄像头 30～50 cm，录入人脸样本，如图 5-12 所示。多次录入不同样本并打上标签，在 tmp 文件夹中可以看到录入的样本，如图 5-13 所示。

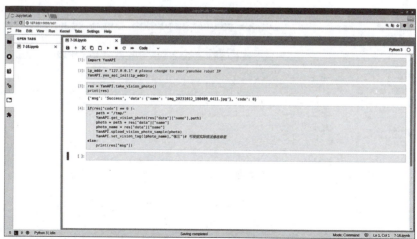

图 5-12　录入人脸样本

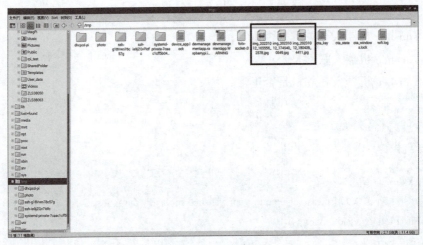

图 5-13　查看样本

2. 让机器人识别人脸

1）编写程序

```
import YanAPI
ip_addr ="127. 0. 0. 1"# please change to your yanshee robot IP YanAPI. yan_api_init(ip_addr)
res = YanAPI. sync_do_face_recognition ("recognition")
name_val = res["data"]["recognition"] ["name"]
if name_val ! ="":
print("\n 识别到结果为：")
print(res["data"]["recognition"]["name"])
else：
    print("\n 没有发现可识别人脸")
```

2）运行程序

运行程序，人脸正视机器人摄像头并距离摄像头 30~50 cm，观察人脸识别结果，如图 5-14 所示。

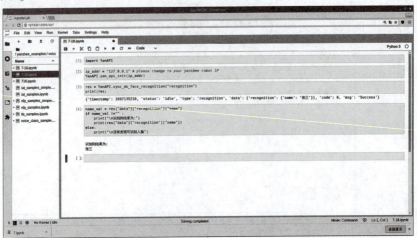

图 5-14　人脸识别结果

任务评价

完成本项目中的学习任务后，请对学习过程和结果的质量进行评价和总结，并填写评价反馈表，如表 5-5 所示。自我评价由学习者本人填写，小组评价由组长填写，教师评价由任课教师填写。

表 5-5　评价反馈表

班级		姓名		学号		日期	
自我评价	1. 能够阐述生物识别技术的应用					□是	□否
	2. 能够阐述人脸识别技术的工作过程					□是	□否
	3. 能够利用机器人录入人脸样本图片					□是	□否
	4. 能够编写程序识别人脸					□是	□否
	5. 是否能按时上、下课，着装规范					□是	□否
	6. 学习效果自评等级				□优 □良	□中	□差
	7. 在完成任务的过程中遇到了哪些问题？是如何解决的？						
	8. 总结与反思						
小组评价	1. 在小组讨论中能积极发言				□优 □良	□中	□差
	2. 能积极配合小组完成工作任务				□优 □良	□中	□差
	3. 在查找资料信息中的表现				□优 □良	□中	□差
	4. 能够清晰表达自己的观点				□优 □良	□中	□差
	5. 安全意识与规范意识				□优 □良	□中	□差
	6. 遵守课堂纪律				□优 □良	□中	□差
	7. 积极参与汇报展示				□优 □良	□中	□差
教师评价	综合评价等级： 评语： 教师签名：　　　　日期：						

参 考 文 献

［1］李适，熊友军，周龙彪. 服务机器人实施与运维（初级）［M］. 北京：机械工业出版社，2022.

［2］张春芝，石志国. 智能机器人基础［M］. 北京：机械工业出版社，2021.

［3］陈良，高瑜，孙荣川. 智能机器人［M］. 北京：人民邮电出版社，2022.

［4］郭彤颖，张辉. 机器人传感器及其信息融合技术［M］. 北京：化学工业出版社，2017.

［5］丁亮，姜春茂，于振中. 人工智能基础教程：Python 篇（青少年版）［M］. 北京：清华大学出版社，2019.

［6］张枚，邱钊鹏，诸刚. 机器人技术［M］. 2 版. 北京：机械工业出版社，2016.

［7］李云江. 机器人概论［M］. 2 版. 北京：机械工业出版社，2016.

［8］李卫国. 工业机器人基础［M］. 北京：北京理工大学出版社，2019.

［9］王茂森，戴劲松，祁艳飞. 智能机器人技术［M］. 北京：国防工业出版社，2015.

［10］董春利. 机器人应用技术［M］. 北京：机械工业出版社，2015.

［11］蔡自兴，谢斌. 机器人学［M］. 3 版. 北京：清华大学出版社，2015.

［12］深圳市优必选科技股份有限公司. Yanshee 机器人产品介绍［Z］. 2020.

［13］深圳市优必选科技股份有限公司. Yanshee 机器人产品测试作业指导书［Z］. 2020.

［14］深圳市优必选科技股份有限公司. Yanshee 硬件故障案例［Z］. 2020.

［15］深圳市优必选科技股份有限公司. Yanshee 产品维修指导书［Z］. 2018.